水のパワーを知り、
巡る旅

柴田 泰典
Shibata Yasunori

はじめに

　現在の文明は、集団で生活することで知識・情報を共有し、新たな知恵・技術が生まれ、各集団が食料、燃料、医薬品等の過不足を補い合うことで発展した。その発展に水が大きく寄与している。

　水は、温度、圧力によって、固体（氷、雪）、液体、気体（水蒸気）の状態を変遷し、地球・生物・生活の環境等に多大な影響を及ぼし、生命の維持・進化、生活の維持・発展にはなくてはならない資源である。

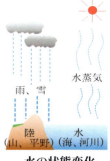

水の状態変化

　水は生鮮食品が傷まないように冷やし、良質な水は地球環境を保全し、生物の命を守り、生育を促し、物質を溶かして飲料水や病気治療の薬液とし、汚れた衣服をきれいにする等で、生活・健康に密接な貢献をしている。

　また、加温して水蒸気とすることで、微生物を死滅させて食品の安全性を高めたり、食品を柔らかく調理したりすることができる。

　さらに、高所より多量の水を落下させることで、水車と発電機を回して発電することができる。また、LNG、石炭、石油、ウラン等を燃料に用い、それらによる高温熱で水を高温高圧の水蒸気にしてタービンを回し、発電しており、水がなければ発電することができず、現在の生活水準、産業の発展はないと言える。

　一方、大雨時には水のパワーが牙をむき、河川の堤防を破壊したりして水害や斜面を崩して土砂災害を引き起こし、長年にわたって築いてきた都市・地域基盤、人命等に多大な影響をもたらす。

　また、渇水状態となれば、人命を危険にさらす。さらに、水はフッ素、ヒ素等の有害物を溶解させ、水質汚染を誘引し、人命を脅かす。

　しかしながら、水は身近にあるために、水の機能性、パワー、溶解成分の危険性等に気付かず、軽視されてきたように思う。

水の重要性等は、国際的に協調して取り組むべきとしてクローズアップされている。国連気候変動枠組条約締約国会議（略称COP）では、炭酸ガス等による地球温暖化が、水、大気の挙動に影響を及ぼし、気候変

(出典：国土交通省のHP)
2000.9月の愛知県・新川の堤防決壊

動を引き起こしていることが示された。また、持続可能な開発目標(略称SDGs) で、「安全な水とトイレを世界中に」として水が取り上げられた。さらに、1977年より国連水会議（毎年）、1997年より世界水フォーラム（3年毎）が開催されている。

地球温暖化の進行で、水、大気の状態・動きが変化し、エルニーニョ現象、ラニーニャ現象、ダイポールモード現象等で豪雨、暴風、渇水等の異常気象が頻発しているので、根本原因である炭酸ガス排出量を抑制しない限り、世界各地での異常気象を食い止めることはできない。

炭酸ガス排出量を大幅に抑制できない現状では、異常気象の対処療法として、現代における適正な治水技術による対応を取らざるを得ないが、対応できる異常気象の規模には限界がある。

渇水によって取水制限が長く続くと、産業活動、農産物の生育、日常生活にかなりの支障がでるとともに、人命にも係わる。

日本における河川の洪水対策は、5世紀頃に始まり、15世紀後半以後、「水を治むる者は、天下を治む」と言われ、時の為政者は治水事業に力を注ぎ、治水技術は発展してきた。さらに、戦前はオランダ技術者らの指導の下、水を安全に流すための河道・護岸整備等の方法が行われ、戦後は水を貯める遊水地、調節池等の方法が実施された。

近年、農村部の河川流域では浸透性・保水性を有する田畑の減少、都市部の河川流域では住宅・ビルが密集し、浸透性・保水性のないアスファルト性の道路、駐車場が広がるとともに、経済性を優先して下水と雨水を同じ管で送水する合流式下水道が多くの都市で採用されことで、局地的豪雨の影響が拡大し、従来の治水対策を打破し、

内水氾濫（大雨により、雨水、下水道が河川へ排出できなくなって氾濫）、バックウォーター現象（河川本流の水位が高くなり、支流の水が流れにくくなって氾濫）等の現象が起こっており、先見性のない過去の生温い対策の付けが水を安全に流し、水を貯め、浸水に備えて地域、人命を守る対策を難しくしている。

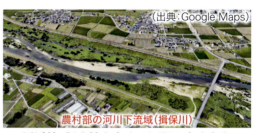
浸透性・保水性を有する田畑が多く存在

浸透性・保水性のない住宅・ビル・道路・駐車場が密集

新たな治水対策として、流域治水（流域全体を俯瞰し、行政、住民、企業等の関係者が協働して取り組む）の考えのもとで、遊水地、地下貯留タンク、雨水貯留浸透設備、雨水浸透桝の設置等が進められているが、行政、住民、企業等との連携が不十分であるとともに、自然現象を人工物（グレーインフラ）のみで対処するのは無理があり、土壌、植物、生物等の環境浄化等の機能を活かしたグリーンインフラの活用で、安全・安心な憩える空間の構築を望む。

地球温暖化は、地域による気候変動を拡大し、水問題（治水/利水/水質の悪化/海面の上昇/海洋酸性化等）を深刻化させ、人知で制御できなくなりつつある。しかしながら、水問題は、文明の発展により拡大

河川の水位が高くなれば、越流堰より、普段は農地である遊水地に水が流れ、河川流域の水害を防止する。

しているものであり、世界が共通認識の下、人知を尽くせば、解決する方策を導けると考える。

地球の水は約 14 億 km^3 で、その内 97.5％が海水、2.5％が淡水、淡水の約 70％が北極・南極の氷、約 30％が深層水であるので、人間が利用できる浅層水（河川・湖沼水、地下水）は、地球の水の 0.01％の約 15 万 km^3 である。地球内部の水素化物、含水鉱物がマントル対流、冷却等による化学反応で水となれば浅層水の数倍存在するとされている。

　地球の水収支は短期には浅層部の降雨、蒸発、海等の保持水によるが、長期には内部のマントル対流等が影響してバランスしている。

　水は浄化し、循環利用することで、利用できる浅層水の約 2.5％にあたる約 0.35 万 m^3/ 年が農業、工業、生活に利用されている。

　しかしながら、世界各地で異常気象による水害が起こっている一方、開発途上国では都市化、工業化の進展、人口増加等により、水不足、水汚染が進行し、紛争の火種となっている。

　一方、将来的に炭酸ガス濃度の高まりにより、地球温暖化が進んでいくと、水の酸性化、水温の上昇が誘導され、良質水や適正環境の確保が難しくなって、生物多様性が崩れ、遺伝子変異等により生物の進化が止まり、絶滅へと進む種が多くなるとされている。

　ここでは、まず、地球、世界、日本の水収支で、水の重要性を確認する。次いで、食料等の資源は、水を通じて世界と繋がり、自国の経済、生活が成り立っているとの認識の下で、世界、日本の水問題を概観する。具体的には水の状態（液体、固体、気体）別に水の機能を用いた活用や水のパワーによる水害、渇水被害、土砂災害等について示す。

　水のパワー、機能を知り、その有用性、破壊力を認識するには、現地での体感が重要と考える。そこで、命を守る行動の啓発、健康の維持・増進も兼ね、関西・関西近隣のダム・水力発電所、河川の治水施設、疏水、水源の森・源流の森、渓谷等を歩いて巡る旅で内容を紹介する。

　水を知り、水を巡る旅等を通じ、さらにイソップ寓話等を教訓とし、我が国で自給できる唯一の資源・水の特徴を生かした安全・安心な生活、社会づくりのための探究力を高めることに役立てばと考える。

― 目　次 ―

はじめに ……………………………………………………… 3

1. 水のパワー ……………………………………………… 11
1.1 地球環境の維持・破壊 ………………………………… 12
1.2 生命の維持・進化 ……………………………………… 18
1.3 生活の維持・発展 ……………………………………… 21

2. 地球の水起源 …………………………………………… 29

3. 水収支 …………………………………………………… 33
3.1 地球の水収支 …………………………………………… 34
3.2 日本の水収支 …………………………………………… 37

4. 地球環境の維持・破壊 ………………………………… 39
4.1 概要 ……………………………………………………… 40
4.2 自然現象の予知 ………………………………………… 45
4.3 自然災害に対する備え ………………………………… 47
4.4 風水害対策 ……………………………………………… 48
4.5 土砂災害対策 …………………………………………… 66
4.6 雪害対策 ………………………………………………… 69

5. 生命の維持・進化 ……………………………………… 71
5.1 概要 ……………………………………………………… 72
5.2 世界の状況 ……………………………………………… 76
5.3 日本の状況 ……………………………………………… 81

6. 生活の維持・発展 ……………………………………… 89
6.1 概要 ……………………………………………………… 90
6.2 水利権 …………………………………………………… 90
6.3 潤す水（常温常圧状態の水） ………………………… 95
　　6.3.1 農業用水 …………………………………………… 95

6.3.2 工業用水 ━━━━━━━━━━━━━━━━━━━━ 101
　　6.3.3 生活用水 ━━━━━━━━━━━━━━━━━━━━ 110
　　6.3.4 その他 ━━━━━━━━━━━━━━━━━━━━━━ 119
　　　(1) 医療用の注射液・輸液 ━━━━━━━━━━━ 119
　　　(2) 発電用水 ━━━━━━━━━━━━━━━━━━━ 121
　　　(3) 消防用水 ━━━━━━━━━━━━━━━━━━━ 124
　　　(4) バラスト水 ━━━━━━━━━━━━━━━━━━ 125
　　　(5) アメニティー用水 ━━━━━━━━━━━━━ 127
　6.4 パワーを生む水（常温高圧状態の水）━━━━━━ 130
　6.5 温まった水（常圧高温状態の水・水蒸気）━━━ 131
　　　(1) 人工の温水・熱水 ━━━━━━━━━━━━━ 131
　　　(2) 人工の常圧水蒸気 ━━━━━━━━━━━━━ 132
　　　(3) 天然の温水・熱水（温泉）━━━━━━━━ 133
　6.6 殺菌・動力を生む水（過熱・高圧水蒸気）━━━ 135
　　6.6.1 過熱水蒸気 ━━━━━━━━━━━━━━━━━━ 136
　　6.6.2 飽和高圧水蒸気 ━━━━━━━━━━━━━━━ 139
　6.7 凍った水（固体の水）━━━━━━━━━━━━━━━ 141
　　6.7.1 氷の利用 ━━━━━━━━━━━━━━━━━━━ 141
　　6.7.2 雪の利用 ━━━━━━━━━━━━━━━━━━━ 144
　6.8 船舶輸送 ━━━━━━━━━━━━━━━━━━━━━━ 147

7. 水を巡る旅 ━━━━━━━━━━━━━━━━━━━━━━ 149
　7.1 巡る場所の位置 ━━━━━━━━━━━━━━━━━━ 150
　7.2 巡る場所の特徴 ━━━━━━━━━━━━━━━━━━ 152
　7.3 ダム・水力発電所 ━━━━━━━━━━━━━━━━ 153
　　　(1) 千種川水系 / 金出地ダム（FN/G）━━━━━ 158
　　　(2) 揖保川水系 / 引原ダム（FNIP/G）・原発電所 161
　　　(3) 生田川水系 / 布引五本松ダム（W/G）━━ 164
　　　(4) 新湊川水系 / 石井ダム（FR/G）・立ケ畑ダム（W/G）━ 168
　　　(5) 猪名川水系 / 一庫ダム（FNW/G）・ ━━━ 173
　　　(6) 武庫川水系 / 千苅ダム（W/G）・川下川ダム（W/R）━ 177
　　　(7) 西除川水系 / 狭山池ダム（FN/E）━━━━━ 182
　　　(8) 大和川水系 / 滝畑ダム（FNAW/G）━━━━━━185

（9）宇治川水系／天ケ瀬ダム（FNW/G）・水力発電所 ……… 188
（10）桂川水系／日吉ダム（FNW/G） ……… 193
（11）野洲川水系／青土ダム（FNWI/R） ……… 197
7.4 河川の治水施設 ……… 200
　7.4.1 水を安全に流す ……… 205
　　（1）七瀬川の二層式河川（京都府） ……… 205
　　（2）大和川河道・護岸整備 ……… 208
　　（3）塩屋谷川地下放水路 ……… 212
　　（4）都賀川河道・護岸整備 ……… 215
　　（5）武庫川河道・護岸整備 ……… 218
　　（6）猪名川捷水路 ……… 223
　　（7）旭川放水路（百間川） ……… 226
　　（8）小田川の水路付け替え ……… 230
　7.4.2 水を貯める ……… 234
　　（1）寝屋川流域治水施設 ……… 234
　　（2）木津川水系／上野遊水地（三重県） ……… 242
　7.4.3 特定地域を守る ……… 246
　　（1）長良川・揖斐川の輪中堤 ……… 246
　　（2）由良川流域の輪中堤・宅地嵩上げ ……… 249
7.5 疏水 ……… 252
　　（1）犬上川沿岸疏水 ……… 254
　　（2）琵琶湖疏水 ……… 258
　　（3）大和川分水築留掛かり ……… 263
　　（4）淡山疏水 ……… 268
　　（5）西川用水 ……… 272
　　（6）東西用水 ……… 275
7.6 水源の森・源流の森 ……… 279
　　（1）鴨川水源の森・鞍馬山・貴船山 ……… 281
　　（2）見出川水源の森・奥山雨山自然公園 ……… 286
　　（3）寝屋川源流の森 ……… 289
　　（4）大和川源流の森・春日山原始林 ……… 292
　　（5）有田川源流の森・高野山 ……… 296
　　（6）生田川源流の森 ……… 300

（7）	住吉川源流の森	304
（8）	武庫川源流の森	307
（9）	吉井川源流の森・若杉原生林	311
（10）	吉井川水源の森・岡山県立森林公園	315
（11）	旭川水源の森・毛無山ブナ林	319
（12）	千代川水源の森・芦津水辺の森	323

7.7 渓谷・渓流 ⋯⋯⋯⋯⋯⋯⋯⋯⋯⋯⋯⋯⋯⋯⋯⋯⋯ 327
 （1）鹿ケ壺 ⋯⋯⋯⋯⋯⋯⋯⋯⋯⋯⋯⋯⋯⋯⋯⋯ 328
 （2）神鍋溶岩流 ⋯⋯⋯⋯⋯⋯⋯⋯⋯⋯⋯⋯⋯⋯ 332
 （3）天滝渓谷 ⋯⋯⋯⋯⋯⋯⋯⋯⋯⋯⋯⋯⋯⋯⋯ 335
 （4）阿瀬渓谷 ⋯⋯⋯⋯⋯⋯⋯⋯⋯⋯⋯⋯⋯⋯⋯ 340
 （5）赤西渓谷 ⋯⋯⋯⋯⋯⋯⋯⋯⋯⋯⋯⋯⋯⋯⋯ 343
 （6）布引渓流 ⋯⋯⋯⋯⋯⋯⋯⋯⋯⋯⋯⋯⋯⋯⋯ 346
 （7）武庫川渓谷（廃線跡） ⋯⋯⋯⋯⋯⋯⋯⋯ 350
 （8）犬鳴川渓谷 ⋯⋯⋯⋯⋯⋯⋯⋯⋯⋯⋯⋯⋯ 353
 （9）箕面滝 ⋯⋯⋯⋯⋯⋯⋯⋯⋯⋯⋯⋯⋯⋯⋯⋯ 356
 （10）錦雲渓・金鈴峡 ⋯⋯⋯⋯⋯⋯⋯⋯⋯⋯ 359
 （11）赤目四十八滝 ⋯⋯⋯⋯⋯⋯⋯⋯⋯⋯⋯⋯ 363

7.8 せせらぎ水路 ⋯⋯⋯⋯⋯⋯⋯⋯⋯⋯⋯⋯⋯⋯⋯⋯ 367
 （1）神戸市・松本せせらぎ水路 ⋯⋯⋯⋯⋯ 368
 （2）東大阪市・鴻池せせらぎ水路 ⋯⋯⋯⋯ 371
 （3）京都市・堀川 ⋯⋯⋯⋯⋯⋯⋯⋯⋯⋯⋯⋯ 374

7.9 水の都・水の郷 ⋯⋯⋯⋯⋯⋯⋯⋯⋯⋯⋯⋯⋯⋯⋯ 377
 （1）京都市（鴨川） ⋯⋯⋯⋯⋯⋯⋯⋯⋯⋯⋯ 379
 （2）大阪市（堂島川等） ⋯⋯⋯⋯⋯⋯⋯⋯⋯ 383
 （3）近江八幡市（八幡堀川） ⋯⋯⋯⋯⋯⋯ 387

8. 水に関する寓話 ⋯⋯⋯⋯⋯⋯⋯⋯⋯⋯⋯⋯⋯ 391

あとがき ⋯⋯⋯⋯⋯⋯⋯⋯⋯⋯⋯⋯⋯⋯⋯⋯⋯⋯ 397

1. 水のパワー

天滝(兵庫県養父市)

1.1 地球環境の維持・破壊

地球環境の維持

地球環境は、地球と太陽の距離、地球と月の距離、地球、月の質量、地球の地軸が 23.4 度傾いていること、月の直径が地球の 1/3.67 で、地球に対する公転軸が 5 度傾いていること、地球が 1 日で自転し、太陽の周りを 365 日で公転し、月

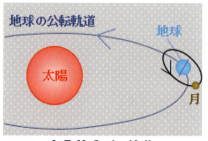

太陽-地球-月の軌道

が 27 日で自転し、地球の周りを 27 日で公転する偶発的な自然現象により、巨大なパワーが発生。その結果、引力と遠心力が釣り合い、地球は太陽の周りを一定の楕円軌道で回り、重い元素は大気圏内に留まり、水分が一定量、酸素濃度が約 21％、平均地表温度が約 15℃に維持され、安定した降雨があって、生物生息のための地球環境が維持されている。

しかしながら、文明の発展により、人間活動は活発化し、地球温暖化、水質・大気汚染、海洋汚染等を引き起こし、人間が安全・安心して生活できる地球環境の維持が難しくなり、破壊されていっている。

水の重要性

水は、地域、時期によって存在位置、状態、量は変化するが、大気圏内に一定量が保持され、地球環境の維持に大いに貢献している。

地球の水は、海、河川、湖沼、地表から数百 m までの帯水層にある地下水、地表の土壌中等に存在するとともに、マントルの沈み込みで含水鉱物が地表から 2900km 程度まで存在し、それらが地球環境に影響し、生命の住める地球環境を維持している。

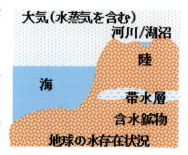

地球の水存在状況

12

地球環境の破壊

地球環境に及ぼす影響が最も大きいのは、炭酸ガスを主体とする温室効果ガス濃度の増加による地球温暖化の進行である。

太陽熱は次図に示すように大気圏に入り、大気と地表面で吸収され、残りを宇宙空間に放出するが、炭酸ガス濃度が高くなるに伴い、大気に吸収される量が増加することで地球温暖化が進行する。

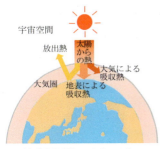

太陽からの熱は約20%が大気に吸収され、約50%が地表面に吸収され、残りの約30%が宇宙空間に放出されている。大気中の炭酸ガス濃度が高いほど大気による吸収量は多くなる。その結果、大気温度が上昇し、海水の温度の上昇、pHの低下、気象変動等を引き起こしている。
なお、火山爆発等により、大気中にエアロゾルが増えると、太陽光は遮られ、大気温度がしばらく低くなることがある。

地球温暖化のメカニズム

地球温暖化により、次の事象が進行している。
- ・大気の温度、水蒸気量の上昇　・海水の温度上昇、pHの低下
- ・降雨の酸性化の進行　・局地的な気象変動の誘引

これらの事象は、すべて水が関与している。その結果、生物の生存を脅かし、地球環境、生活環境の破壊が進行している。
- ・気象変動により、局地的な洪水、渇水の被害の進行
- ・海水温度の上昇、氷河融解等に伴う海面上昇よる国土消失
- ・干ばつの進行により、食糧危機の進行
- ・温度変化、水pH低下に対応できず、生物多様性の破壊進行
- ・水、食糧を巡る紛争の勃発
- ・熱波による死亡、疫病の増加

地球の水収支は安定しているが、地球温暖化により、海水温上昇、海流、気流の流れパターンの変化等により、降雨量の地域による変動が拡大するとともに、海水温度の上昇や固体の水（氷）が液体の水に状態変化することで海水の体積が増して海面が上昇し、海岸域が浸食される等で、地球環境、生活環境が大きく変化することになる。

炭酸ガス排出量の抑制

地球の温暖化は、大気中の温室効果のあるガス成分の影響が大きい。地表付近の大気成分を右表に示す。

温室効果ガスがなければ、地表平均温度は約 -19℃になるが、温室効果ガスが存在することで、約15℃に保たれている。

地表付近の大気成分(%)

窒素	75-78
酸素	20-21
アルゴン	0.90-0.95
二酸化炭素	0.035-0.040
水蒸気	0.5-4.0

温室効果ガスの寄与割合は、水蒸気が約60%、炭酸ガスが約30%、その他（メタン、一酸化二窒素、フロン等）が約10%である。水蒸気の温室効果寄与割合が大きいが、水蒸気は大気圏内で蒸発 - 凝縮を繰り返し、一定範囲を上下し、寄与効果は日々変動するが、年々高まることはない。

主要な温室効果ガスである炭酸ガスは、人口増、都市化、工業化の進展等により、海洋、森林等の吸収以上に発生し、大気圏外に散逸することはないので、温室効果寄与割合が年々高まっている。

2015.12月の第24回気候変動枠組条約締約国会議（COP21）で、炭酸ガス排出量を産業革命前（1750年頃）とし、2030年までの地球の平均気温上昇を1.5℃以下とする目標を定め、2021.11月のCOP26等ではこれを達成しないと、地球は渇水、洪水、気温上昇等で壊滅的な被害を受け、回復することができなくなると警告している。

炭酸ガスは、排出量の約30%が海洋で、約25%が森林等の陸上で吸収され、残り55%が大気中に貯まる。海洋のpH低下、森林面積の減少等より、今後は、海洋、陸上での炭酸ガス吸収量は低下傾向をたどり、大気中の炭酸ガス濃度はより高まっていくと考えられる。

したがって、炭酸ガスは工業化が進展した産業革命以後、大気中に貯まり続け、産業革命前の炭酸ガス濃度は約280ppmであったのが、現在410ppmまで高まり、気温が0.8℃上昇している。さらに、現状の炭酸ガス排出が続けば、2030年で630ppmとなり、気温が1.6℃上昇する。持続可能な社会とするには、脱炭素化を促進することにより、炭酸ガス排出量を抑制することであるが、道のりは厳しい。

炭酸ガス増加は、人間活動の活発化により引き起こされたものであ

るので、人知を尽くし、人間活動を見直すことで、脱炭素化社会を構築し、地球環境を維持・好転することが可能と考えられる。

脱炭素化は、個人レベルで心掛ける一方、会社・自治体・国家レベルで推進していく必要がある。

個人レベル
- エコカー、エコ住宅（断熱化、太陽光発電）、エコ家電等の導入
- 冷暖房の温度設定を夏は28℃以上、冬は20℃以下
- 買物は歩くか自転車で行き、外出は公共交通機関を使用
- 照明はLED電球とする等のライフスタイル変革

企業・自治体・国家レベル
- 再生可能エネルギー(太陽光、風力、水力、バイオマス等) の導入促進、発電コスト低下、発電効率、発電容量の向上
- 省エネによる製造、炭酸ガス発生の少ない材料の使用、製品小型化等による材料削減、輸送効率化、廃棄物量削減等によるサプライチェーンの効率化
- 水素発電、新型電池、セルロースナノファイバー、カーボンリサイクル技術等によるグリーンイノベーション推進
- 陸上、海洋での炭酸ガス固定技術推進

(出典：大阪ガスのHP)
風力発電

出典：Wikipedia
神谷ダム太陽発電所
太陽光発電

便利さ、手軽さを優先したライフスタイルにおいて、省エネを強く意識した生活に変えるのは容易でない。

また、高効率な生産性を重視した産業界において、再生可能エネルギーの導入は発電のコスト・効率等に課題があり、足踏み状態にある。

さらに、新エネルギーとして期待されるアンモニア、水素発電でカギとなるのは、炭酸ガスを発生しない経済的な水素製造技術であるが、相当な技術のブレークスルーが必要である。

個人レベル、企業・自治体・国家レベルで地球温暖化が及ぼす事象に対して、どれだけ高い危機を持ち、真剣に取り組むかが重要となる。

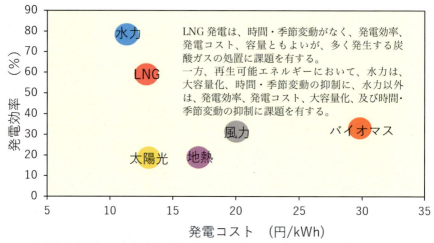

代表的な火力(LNG)発電と再生可能エネルギーの発電コスト、発電効率の比較

　国際的には、2015.9 月の国連総会で合意された SDGs（持続可能な開発目標）で、17 の課題に対する 2030 年までの達成目標の提示、及び 2015.12 月の COP21 で、産業革命以後の炭酸ガス等の温室効果ガスによる平均温度上昇を 1.5℃以下にすること等が決められた。

　国際的な取り決めを受け、日本、世界各国等では脱炭素化の指針が示されたが、現状では現実と目標との開きが大きく、個人、企業、国がどこまで真剣に、情熱を持ち、意欲的に取り組むかで、地球温暖化がもたらす事象を解決できるかのカギを担っていると考える。

　炭酸ガス濃度が高まり、地球環境への影響として最も危惧されているのは、地球体積の約 30％、地球面積の約 5％を占める南極、北極の氷の融解である。すべての氷が融解すると体積が約 9％増加することで、海面が約 95m 上昇し、多くの島、地域が水没する。

　気象庁が 1982 年より実施している人工衛星搭載のマイクロ波放射計による北極域、南極域の海氷面積調査で、北極では明らかな減少傾向、南極でもわずかに減少傾向にあるとしている。

　これらの結果より、気温、水温、降水量、大気の流れは、海氷面積に影響を及ぼす。気温の上昇と海氷面積の減少は単純に結びつくものでないが、北極域の海氷面積の減少は、気温の上昇に対応している。

 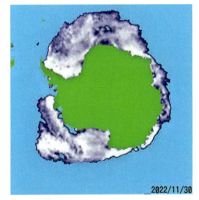

南極域の海氷分布の経時的変化

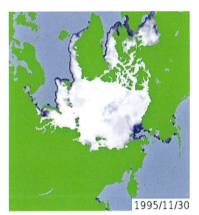 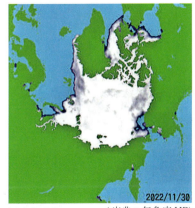

北極域の海氷分布の経時的変化　　　　　（出典：気象庁HP）

　なお、地球内部は、放射性物質の核分裂による熱エネルギーで高温状態にあるが、放射性物質の量の減少により、熱エネルギーは減少傾向にあって、地球内部は冷えているとの説がある。また、太陽の黒点が増加（温暖化が進む）しており、温暖化に関係あるとの意見もある。
　これらのことと、炭酸ガス濃度増加による大気温度の上昇とが長期的にどうかかわるのかは、今後注視していく必要があると考える。
　生命を育む地球環境の維持・発展のために、世界が協調して、人知を絞り、地球温暖化を抑制するための解決策を考えていく必要がある。

1.2 生命の維持・進化

人の生命維持に大切な水

　生命を維持・進化させるには、良質な水を必要量摂取する必要がある。まず、必要量摂取について概説する。

　人間等の動物は、たんぱく質、糖質、脂質、水分等を摂取し、体内の酵素と水で加水分解し、代謝により、ミネラル、ビタミン、水等と結合し、体を構成する成分、エネルギーを生む成分に変化する一方、新陳代謝で、新しい成分に更新される。また、呼吸、汗で水分が蒸散し、尿、便として排出される。

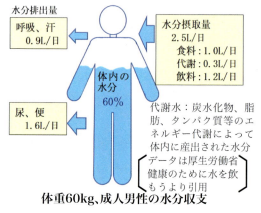

体重60kg、成人男性の水分収支

　体重60kgの成人男性の場合、通常の活動での水分収支は、上図の通りであり、健康維持のために2.5L/日の水分摂取を必要とする。

　なお、必要な水分摂取量は、体重が軽く、年齢が高くなるとともに減少し、運動等により活動が活発になると増加する。

　水は、食材を酵素等とともに体に吸収しやすい成分に分解し、体を構成する成分（同化）、エネルギーを生み出す成分（異化）に代謝し、血液となって酸素、栄養素、老廃物を輸送するとともに、体内の不要物排泄、汗・呼吸による水の気化等で体温調節等の役目を担う。

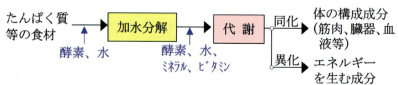

栄養素の体内における加水分解、代謝における水分の役割

18

体内の酵素量は加齢で減少するので、加齢とともに体外より酵素を多く含む生野菜、果物等を多く摂取するのが望ましい。
　また、水は薬剤や栄養分を溶解させるので、点滴や注射で薬液を血管に投与し、体液を正常に保ったり、栄養分を補給したり、病態を改善したりして、体調、病気の治療を行う。
　体内水分量は、年齢、性別等によって差がある。体重を基準にすると、新生児で約75％、成人男性で約60％、成人女性で約55％、老人で約50％が水分である。水分量の違いは、水分の多い筋肉（水分：70-80％）、水分の少ない脂肪（水分：10-30％）の割合の違いによる。
　水は体内に取り込みながら栄養素の加水分解と代謝を繰り返し、余剰水を尿、便等で体外へ排出したりして、生命を維持し、健康に過ごすには欠かすことができない。

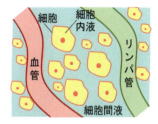

細胞内液、細胞外液

　体内の水分は、細胞内液と細胞外液に分けられ、細胞内液は細胞内にあり、体内の水分の約2/3を占め、残り1/3の細胞外液は、細胞間液、血液の血漿、リンパ液、脳脊髄液等として体内をめぐり、栄養を運び、老廃物を体外へ排泄する役割を担う。
　人間等の動物は、病原体や有害物を含む水を摂取すると、病気になり、命を落とすことにつながる。ろ過・殺菌された良質な水（水道水）の普及率は、日本、欧米の先進国でほぼ100％であるが、サハラ砂漠以北のアフリカで約80％、サハラ砂漠以南のアフリカで約20％と低く、アフリカを中心として約180万人が毎年水由来の病気で死亡している。アフリカ等での安全な水確保は、内戦、紛争、屋外で用を足す慣習、資金不足等で、なかなか進んでいない状況にある。

植物の生命維持に大切な水

　植物は、日中、根が水分と栄養素（N、P、K）を吸収し、太陽光を浴びながら葉の葉緑体内のクロロフィル、カロテノイド等の色素で水を酸化分解して酸素、電子、陽子を作り、酸素は葉より放出される

（明反応）。次に、陽子が葉の糖、栄養素と反応して生成したATP（アデノシン三リン酸$C_{10}H_{16}N_5O_{13}P_3$）がエネルギー源となり、電子が葉の糖、栄養素と反応して生成したNADPH（ニコチンアミドアデニンジヌクレオチドリン酸$C_{21}H_{29}N_7O_{17}P_3$）を還元剤とし、葉が吸収した二酸化炭素を糖に変える（暗反応）。糖は果実等として貯蔵され、炭酸ガス低減に寄与する。夜間は呼吸を行い、葉が吸収した酸素で糖を分解してエネルギーを得て、葉、根、茎等を成長させ、二酸化炭素を葉から放出する。

　植物の光合成には、水が必須であり、光合成結果により生成する酸素、葉、果実は、生物多様性の一端担い、動物が生きていくためになくてはならない。また、植物は根から水を吸収し、明反応・暗反応を起こし、葉の気孔から蒸散させることで、自らの生命維持・進化を持続し、温度調整を行いながら、水の循環に寄与している。

　植物の水収支は、種類、樹齢（大きさ）、季節等によって異なり、樹内水分割合が30〜80％と広く、水分吸収量・蒸散量が樹冠重量の数％程度（人の場合体重の約4％）と考えられ、成人と同等レベルの水収支である。

　植物における良質な水は、N、P、K等の栄養分が吸収されやすいことが重要となる。pHが5〜7で、EC（導電率）が0.5〜2.5mS/cmである良質な水は、植物が栄養分を吸収し、生育するのを促す。

植物の光合成の模式図

生命の進化

　生物は、電磁波や紫外線等の影響を避けることができる海の中で生まれ、環境変化等に対応するために、体液や細胞等による体内環境を変化させながら進化していった。しかしながら、炭酸ガス濃度が高まり、地球温暖化、水の酸性化等の進行で、水環境、生活環境が変化すると生物の進化に異変を生じ、絶滅へと進む種が多くなる。

1.3 生活の維持・発展

生活の維持・発展に大切な水

健全な生活のためには衛生的な水が必要である。

しかしながら、アフリカ、アジアでは、水道水普及率が低く、降水量が少なく、次図に示すように必要な生活用水量の確保が難しく、世界保健機関（WHO）が示す衛生的で健康な生活を維持するための最低限の水量である50L/人・日（約18m^3/人・年）よりも少ない。

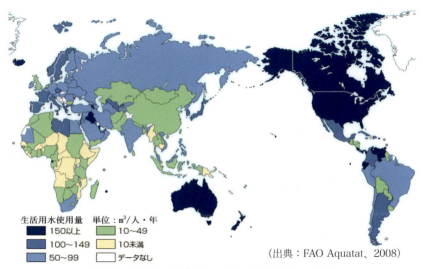

（出典：FAO Aquatat、2008）

世界の2000-2005年における生活用水使用量

アフリカ、アジアでは人口増が継続し、生活水準の向上等で必要な生活用水量が増加し、ますます生活困窮者の増加が予想される。渇水対策として、深井戸からの給水施設、河川から引き込む水路の設置等が進められているが、地域特性の違い等で抜本的な対策となっていない。

日本においては年間降雨量が約

（出典：JICAのODA見える化サイトのHP）

深井戸に設置した手押し式ポンプ

1720mm、衛生的な水道水の普及率が約98％であるので、地域による偏りはあるが、安全で、必要な生活用水量は確保できている。

まず、河川等から取水した水は、灌漑用水に利用される一方、浄水場で浄化後、水の有する高い溶解力、比熱容量等の機能を活用し、生活用水（家庭用水＋都市活動用水）等として供用される。

兵庫県船津浄水場取水口

日本における1人1日当たりの生活用水量は、次図に示すように水洗トイレ等の普及により、1998年頃までは増加し、その後、節水型機器の普及等により減少し、2015年頃より横ばいとなっている。

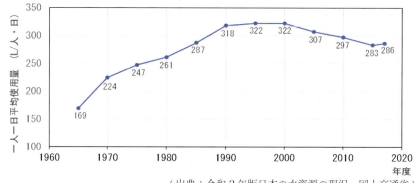

(出典：令和2年版日本の水資源の現況、国土交通省)

1人1日の生活用水(家庭用水＋都市活動用水)使用量

家庭用水は、起床すると、歯磨き、顔洗い、朝食・昼食・夕食の調理、休息時のお茶、コーヒー等の一服、食器・衣服等の洗浄、風呂用水、トイレ用水の使用等に約220L/日・人使用されている。将来の水不足事態に備え、可能な限り節水型生活に努めることが望まれる。

都市活動用水は、生活用水の約25％を占め、飲食店、デパート、ホテル、消火用水、公園の噴水や公衆トイレ等に使用されている。

また、水力発電では、落差、水量による位置エネルギー変化で、水車を回して発電し、家庭やオフィスに電気を送る。

さらに、船舶による海上輸送は、水の浮力、表面張力で、船舶を浮かせ、推進抵抗を減らし、食料品、耐久消費財（自動車、テレビ等）、原油等の輸入量の99.7％を担い、生活利便性向上等に貢献している。

　さらに、都市化の進展等により、潤いのある生活環境の整備の機運が高まり、清らかな水、豊かな緑、さわやかな空気等を取り込んだアメニティー（快適な生活環境）の創出が進んでいる。

　アメニティーの創出として、河川、湖沼、水路、ため池、運河、公園、海岸等の水環境では、憩える親水機能の付与等の機運が高まり、魚釣り、水遊び、ボート遊び、散策、運動、休養等のレクリエーションの場として整備が進み、多くの人が楽しんでいる。

　清らかな水と、樹木の緑・紅葉、花、鳥、昆虫、岩等が組み合わさることで、より快適な環境となり、憩い、楽しみの効果が上がる。

　清らかな水として、都市部では、最近、高度処理した下水も活用され、城の堀、市街のせせらぎ水路等に展開されている。

（出典：Wikipedia コンテナ船）
船舶輸送の主力・コンテナ船

　アメニティーに優れ、歴史ある風景を有し、多くの人に潤いと安らぎを与ええる場所として、日本では、社団法人、学会、国の機関等によって選定された森林浴の森百選、水の郷百選、疏水百選等がある。

水の郷百選の一つである八幡堀(近江八幡市)

23

水の特性、パワー

水分子は右図に示すように特徴的な構造を有している。すなわち、酸素原子と水素原子が104.45度の角度で共有結合し、酸素原子がマイナス、水素原子がプラスを帯び、電気的な偏りがあり、大きさが0.38nmと小さな極性分子である。この構造により、水は汎用的な液体の中で、次表に示すように特徴的性質を示してすぐれたパワーを発揮し、多方面に利用され、生活の維持・発展のみならず、生命の維持・進化、病気の診断、および農業、水産業、工業等の産業発展に多大な貢献をしている。

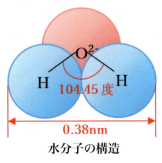

水分子の構造

水の性質を利用した用途

性質	概要	用途
極性分子	酸素1つと水素2つが角度104.45度で共有結合	食品等のマイクロ波による電子レンジ誘電加熱、電気泳動診断
比熱容量	4.2KJ/kg・K(20℃)であり、汎用的な液体の中で最も大きい	機械等の冷却、食品等の加熱・解凍、室内の暖房、風呂・炊事場の温水
溶解力	気体、無機・有機化合物等を多量に溶かす	農作物の栄養分供給、機械・衣類等の洗浄、飲料水、体液製造、注射液・輸液の製造
密度	$0.9982g/cm^3$(20℃)で、汎用的な液体の中で最大級	水力発電、火力発電等の動力源 果物・異物等の選別、バラスト水
表面張力	$72.75×10^{-3}N/m$(20℃)であり、汎用的な液体の中で最も大きい	植物の水分供給(毛管現象)、船舶運航、洋上風力発電等の洋上設備
気化熱・融解熱	気化熱が2250kJ/kg、融解熱が335kJ/kgで、汎用的な液体の中で最も大きい	コンクリート等の蒸気養生、ドリンク・生鮮食品の冷却(氷)、冷風扇、人工雪、夜間電力の貯蔵

次に水の特性を利用して生活に貢献している3つの具体例を示す。

飲料水

水は、NaCl、$CaSO_4$、$MgCl_2$ 等の無機成分、砂糖、異性化糖、果糖等の糖分（炭水化物）等を任意に溶解することができるので、それ

らの濃度を調整した飲料水は、生活の場面に応じて健康の維持・増強、疲労回復等として飲用することができる。すなわち、水分は、生活環境等で失われる量が異なるので、生活場面に応じて適正に補給する必要がある。ただし、多くの飲料水は、糖分が多いので飲み過ぎると、肥満、糖尿病等の生活習慣病のリスクが高まるので、留意を要する。

　補給する飲料水は、失われる量、速度に応じて、体液の浸透圧を目安として量と成分を調整するのが望ましい。すなわち、体内での水分吸収速度を速くするには、体液よりも塩分、糖分濃度が低くて浸透圧の低い飲料水を用い、体内での吸収速度を遅くするには、体液よりも塩分、糖分濃度が高くて浸透圧の高い飲料水を用いる。

　日常生活等でゆっくりと水分が失われる場合は、電解質、糖分が少なくて浸透圧がより低いミネラルウォーター、お茶等が望ましい。運動前後では、体液に近くて糖分、電解質を多く含んで浸透圧が高くてエネルギー源となるアイソトニック系のスポーツドリンク（食塩相当量0.1-0.2％、糖質（炭水化物）4-6％）が望ましい。水分が多く失われる運動中の場合は、体液よりも糖分、電解質が少なくて浸透圧が低い水分吸収の速いハイポトニック系のスポーツドリンク（食塩相量量0.06-0.1％、糖質（炭水化物）0.6-3％）が望ましいとされる。

　さらに、熱中症、脱水症等で、ふらつき、めまい等が起こると、涼しい場所に移動し、首等を濡れタオルで冷やし、塩分濃度を高め（浸透圧を高める）、糖分濃度を若干抑えて水分の吸収を速めた飲む点滴と

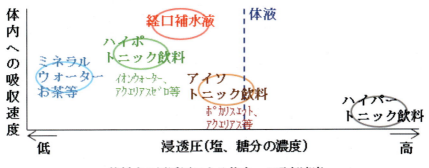

飲料水の浸透圧による体内への吸収速度

称される経口補水液（食塩相当量 0.25-0.30％、炭水化物（ブドウ糖）1.5-2.5%）を 100ml 程度/回で数回に分けて飲むのが望ましいとされる。

なお、コカコーラー、ジュース等のハイパートニック系の飲料水は、糖分濃度が高く（8％以上）、浸透圧が体液の 2-3 倍高く、体内での水分吸収速度が遅く、運動時や熱中症、脱水症等の水分補給には適さない。

その他、水にゲル化剤、栄養素を加味し、腹持ちをよくし、飲み込みやすくしたゼリー状飲料等がある。

洗濯

洗濯には、洗剤を溶かした水を用いる湿式洗濯（家庭、コインランドリー）とクリーニング業の有機溶剤（5号工業ガソリン（クリーニングソルベント）等）を用いる乾式洗濯（ドライクリーニング）がある。

湿式洗濯は、水溶性の汚れを取るのに優れ、乾式洗濯は油性の汚れを取るのに優れている。近年、油性の汚れにも対応できる洗剤が開発されるとともに、手軽な全自動湿式洗濯機の普及により、乾式洗濯は市場が縮小（2010年：4.7万店、2020年：2.5万店）している。

国内の家庭用の洗濯機出荷数は約 450 万台/年の横ばい状態で、全自動縦型洗濯機（乾燥機能なし）が 43％、縦型洗濯乾燥機が 34％、ドラム式洗濯乾燥機が 19％、その他（二槽式洗濯機等）が 4％で、最近、設置スペースが小さく、安価な縦型洗濯乾燥機が伸びている。

洗濯乾燥機の比較

ドラム型		縦型
・蓋が前開きなので、衣類の出し入れがしやすい ・叩き洗いなので、洗浄力がやや劣るが、節水に優れる		・コンパクトなので、省スペースである ・もみ洗いなので、洗浄力が優れる
叩き洗い 少ない やや劣る 優れる やや傷みやすい 大きい 高い	洗浄法 水使用量 洗浄力 乾燥力 生地の傷みやすさ 大きさ 価格	もみ洗い 多い 優れる やや劣る 傷みにくい コンパクト 安い

一方、核家族化の進行、共働き世帯の増加、女性の社会進出やライフスタイルの変化等により、コインランドリーが増加しており、2000年で1.2万店であったのが2020年で2万店に増加している。

湿式洗濯は、水の溶解力を高め、油性汚れにも対応できるように、通常、陰イオン（アニオン）界面活性剤が用いられる。

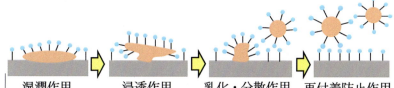
界面活性剤の構造

界面活性剤の分子は数nmの大きさで、水になじむ親水基と油になじむ親油基を併せ持って、水に溶解している。

界面活性剤が溶解した水は、次に示すように、湿潤作用、浸透作用、乳化・分散作用、再付着防止作用を経て、衣類より汚れを剥がす。

湿潤作用	浸透作用	乳化・分散作用	再付着防止作用
界面活性剤の親油基が衣類や汚れの表面に吸着する	衣類に水が入り込むとともに、界面活性剤が汚れの間に入り込む	界面活性剤が汚れの表面を覆い、衣類から剥がす	剥がされた汚れが反発しあい、再度付着するのを防ぐ

洗剤には、界面活性剤以外に次の成分が添加されており、水質汚染防止の観点より、最小限の添加が望まれる。

・水軟化剤（アルミノケイ酸Na、アクリル酸系高分子等）
　　水に溶解しているCa、Mg等のイオンと結合して界面活性剤の働きの低下を防ぐ。
・酵素（プロテアーゼ（たんぱく質分解）、リパーゼ（脂質分解）等）
　　界面活性剤のみでは落ちにくいたんぱく質、皮脂、脂質、セルロース等を分解し、水に溶けやすくする。
・蛍光増白剤（スチルベン誘導体、クマリン誘導体等）
　　洗濯すると白物衣類の蛍光増白剤が減っていくので、それを補うために洗濯のたびに蛍光増白剤を使用する。
・アルカリ剤（炭酸塩、ケイ酸塩、アルカノールアミン等）

洗濯液をアルカリ性とし、皮脂等の汚れを化学変化させ、衣類からはがし、水に溶解させる。
・その他
シミや汚れの色素を分解するための漂白剤、洗浄効果を高める泡を調整するための泡調整剤等

電子レンジ

電子レンジは、食品等に含有する水の特性を利用して、電磁波（電波）による刺激で誘電加熱を行う。

すなわち、電子レンジの加熱は、磁石を組み込んだ二極真空管（マグネトロン）より、1秒間に24.5億万回振動する周波数2450MHzのマイクロ波を放出し、内部の金属板で反射して食品に含まれる水の分子を回転・振動し、摩擦熱を発生させて行う。マイクロ波は、水を含まない陶器、ガラスでは透過し、金属では反射するので加熱することができない。

電子レンジの加熱原理の発明は、1945年にアメリカのレイセオン社のスペンサー博士が、レーダーの実験中に自分のポケットに入れていたチョコレートが電波（レーダー用の極超短波）で、瞬間的に溶けた現象にヒントを得て開発されたとのエピソードが伝わっているが、実際には複数のスタッフによる入念な観察の結果によって開発された。

日本に電子レンジ技術が導入されたのは1961年で、当初は業務用として開発され、一般家庭用に徐々に普及していき、世帯普及率が1970年で約10%であったのが、2000年に90％程度となり、2020年に約98％となり、生活の利便性向上に大いに寄与している。

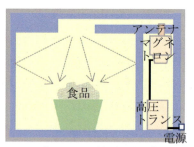

電子レンジ構造の概要

電子レンジの出力は、家庭用で500〜1000W、業務用で1500〜3000Wであり、出力が2倍になると加熱時間は半分となり、加熱する食品等の量が2倍になると、同じ出力での加熱時間が約1.7倍となる。

2. 地球の水起源

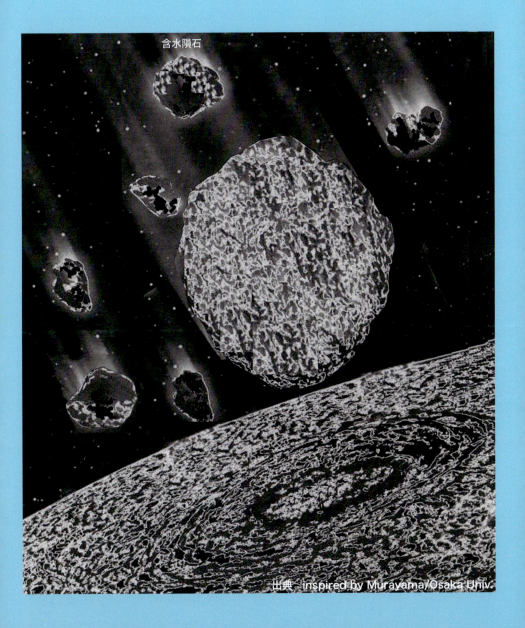

水の誕生

　約 138 億年前、高温高密度状態にあった宇宙は、ビッグバン（大爆発）により、ガス、微粒子を含んだ低温低密度状態の層雲が形成された。

　その後ガス、ガス、微粒子は収縮・集合して星間雲（ガス・プラズマ・ダストが高い密度で集まった銀河）を形成し、重力によって微粒子は中心部に収縮・集合をはじめ、約 46 億年前に原始太陽を形成し、その周囲に星間雲をつくった。

　星間雲の中に微細な粒子が析出し、集合を繰り返しながら原始の地球等の惑星、衛星群が形成され、惑星等が原始太陽からの引力と太陽の周回による遠心力との合力で、微細な粒子が惑星等に衝突し、大きくなることで引力が増していき、原始の地球がより大きくなっていった。

　微惑星の衝突が少なくなると、地球はしだいに冷えていき、大気中の水蒸気は凝縮して液体となって地球に降り注いで海となり、約 40 億年前にほぼ現在の地球が形成された。

　太陽系天体において、太陽から遠ざかるに伴い、温度が低下するので、太陽に近い水星、金星、地球、火星（地球型惑星/岩石惑星）は、主に岩石と金属鉄、ニッケルより構成され、地球より遠い木星、土星（木星型惑星/ガス惑星）は、

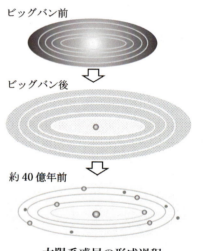

太陽系惑星の形成過程

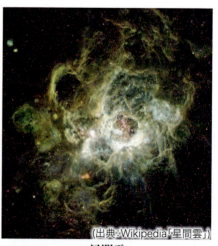

（出典：Wikipedia「星間雲」）

星間雲

主に水素とヘリウムより構成され、土星より遠い天王星、海王星（天王星型惑星／氷惑星）は、主に氷、含水鉱物より構成されている。

地球の水起源については、地球と太陽との距離、地球の質量による引力、及び大気ガス組成が関係しているとされる。

地球型惑星と木星型惑星の境界をスノーラインと称し、それより遠くから氷、水を多く含んだ微惑星が隕石として地球に衝突し、しだいに地球が成長する過程で、衝突によるエネルギーで地球がマグマオーシャン状態（地表が溶融状態）となり、地表の鉱物（分解すると水蒸気となる水素化物（FeH_x等）、含水鉱物を含有）が分解し、水素、ヘリウム等の軽い物質は宇宙空間に散逸し、地球の引力で水蒸気、二酸化炭素、窒素等のやや重い物質は重力圏内に留まり、現在の地球環境が形成されたとされる。

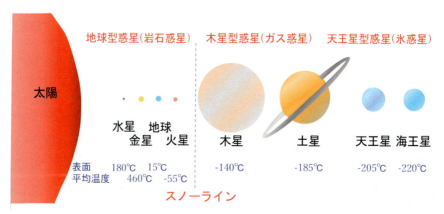

太陽系惑星の表面平均温度、スノーライン

水による地球環境の維持

地球が微惑星の衝突により大きくなって、引力が大きくならなければ、現在の地球の水は、約4000年で宇宙空間に散逸するとされる。

重力圏内に留まった水蒸気と二酸化炭素は、太陽エネルギーの20%を吸収後、地表より反射した赤外線を吸収して熱エネルギーを発生し、地球表面温度を平均15℃に保つ役割を果たしている。水蒸気と二酸化炭素がなくなれば、地球表面の平均温度は-19℃になるとされる。

地球表層部の水は、蒸発し、降雨として地球に降り注ぐが、減ることはなく維持されているのは、地球の質量による引力が大気圏外に散逸するのを防いでいるためである。

　現在の地球の大気は窒素と酸素がほとんどを占める。そうなったのは、水が深く関係している。原始地球の大気は、金星の大気と同様に二酸化炭素と窒素であったが、海が形成されることで、二酸化炭素は海に溶けて石灰岩となり、海底へ沈む。また、水が存在することで光合成を行う生物が増えてきて、二酸化炭素を吸い込んで酸素を放出する。この結果、二酸化炭素は減り、酸素が増えていった。一方、窒素は、地球のもとになった隕石等に含まれていた物質が分解することによってできたとされる。窒素は安定した気体で、一度できてしまうとほとんど変化せず、現在の大気中の窒素の量は、地球ができたころからほとんど変わっていないと考えられる。

　大気中の酸素は太陽からの紫外線（10-400nm）でオゾンの合成、分解を繰り返し、大気の上空12〜35kmに一定濃度のオゾン層を形成し、波長の短い紫外線をより多く吸収して紫外線を弱めている。その結果、遺伝子DNAは破壊されず、生物の生存環境が保たれている。

　したがって、現在の地球環境は、地球と太陽との距離、地球質量による引力（太陽 - 地球間の引力∝地球質量/（地球と太陽間の距離）^{2}）、大気ガス組成、水（海）環境、生物環境等による微妙なバランスのもとで成り立っており、人間活動の激化にて石油等の燃焼による二酸化炭素等の温室効果を持つガスやオゾンを分解するフロンガスが増え、バランスが壊れると、人間を含めた生物の生存が危うくなる。

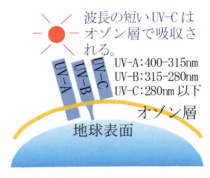

オゾン層による紫外線の吸収

3. 水収支

3.1 地球の水収支

　地球の水の量は約140,000万 km^3 で、そのうち海水が97.5%、淡水が2.5%の3,500万 km^3 である。淡水の約70%は北極・南極の氷、約30%近くが深層水で、残りが河川水、湖・池等の浅層水である。深層水は利用できないので、利用できる淡水は、淡水の約0.5%の約15万 km^3 であり、地球全体の水の約0.01%である。

　一方、地球の水収支として、約57万 km^3/年が海面、陸地等より蒸発し、ほぼ同じ量が雨として降り注ぎ、1.3万 km^3 が大気圏に留まる。蒸発した水は大気圏内に留まり、散逸しないので、地球全体の水は一定である。

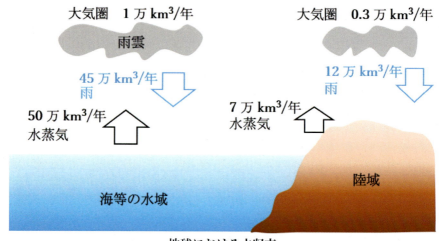

地球における水収支

　農業用水、工業用水、生活用水として利用されている水は約0.35万 km^3/年で、利用できる淡水の約2.5%であるので、約40年で一巡することになり、地球全体で考えると水不足は起こらない。また、地球全体（面積：51,000万 km^2）に均一な降雨があれば、約1,100mm/年の降雨（約57万 km^3/年）があり、水害、水飢饉の問題は起こらない。

　しかしながら、雨は、均一に降らず、次図に示すように、東南アジアでは降雨量が多く、アフリカ北部、中近東では降雨量が少ないので、

東南アジアでは風水害が起こりやすく、アフリカ北部、中近東では水飢饉が起こりやすくなる。

　太平洋の熱帯付近で、エルニーニョ現象（ペルー西側の海面水温が平年よりも高くなる状態が1年程度続く現象）、ラニーニャ現象（ペルー西側の海面水温が平年よりも低くなる状態が1年程度続く現象）が起こると、局地的な多雨、少雨、高温、低温等が世界各地で起こる。

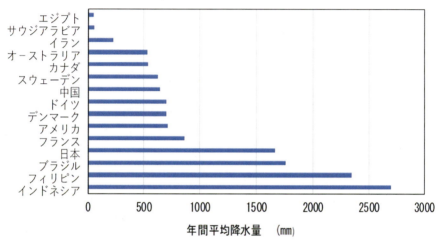

(出典：平成30年版 日本の水資源の現況(国土交通省))
世界各国の年間平均降水量

　風水害対策として、水を安全に流すための河道拡幅・掘削、分水路、堤防、越流水を貯めるためのダム、遊水地（河川から水を越流させて一時的に貯留する池・農地）、地下貯留槽等の設置がとられ、水飢饉対策として、疏水（湖沼・河川より水路を設けて水を導く）の設置、貯留施設（ダム、ため池）の設置、パイプライン輸送、人工降雨（雲に向かってヨウ化銀、ドライアイス、塩化ナトリウム等の微粒子を散布し、雨、雪を降らせる）、海水淡水化等がとられているが、平地、森林等の涵養化対策は取られておらず、地球温暖化の進行等により、降雨量の不均一化による水問題（水害、水飢饉）はより深刻になっている。

　人為的な手法で、降雨量の不均一化を少なくするには、産業活動、生活様式の変革で、二酸化炭素を削減し、地球温暖化を抑制し、気象

安定化が最も効果があると考えるが、世界各国の足並みがそろわない。

地球温暖化により、南極・北極の氷が30％溶けて水になり、海水温が上昇すると、氷と水の密度差（0℃の氷：916.8g/L、0℃の水：999.8g/L）、海水の温度による密度差（20℃：998.2g/L、25℃：997.0g/L）により、海面水位は約20m上昇するので、風水害の影響が進展する。

一方、世界人口は2020年で約78億人、2050年に97億人、2100年に110億人となって頭打ちになるとされる。生活様式の変化、都市化の進展等により、1人当たりの水消費量が増加し、人口増加率が高く、降雨量が少ないアフリカ北部、中近東では水飢饉がより深刻化している。

地球の利用できる淡水は、十分あり、北極・南極の氷が維持され、世界の各地域に均一に降雨があれば、水問題は深刻でないが、地球温暖化の進行が水問題を拡大している。すなわち、エルニーニョ現象、ラニーニャ現象の発生等により、気温、降雨の不均一化が進行している一方、北極・北極圏の氷が融けて、100年前よりも約15cm海面水位が上昇しており、海岸に面した地域では海が侵入し、居住面積が減少するとともに、地下水の塩水化が進行している。

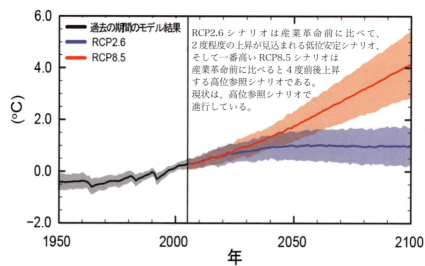

(出典：国連のIPCC（気候変動に関する政府間パネル）の第5次評価報告書(2014年発表))

世界平均地上気温変化の予測

3.2 日本の水収支

　日本の年間降雨量は約 1,720mm であり、国土面積が 378,000km² であるので、国土全体の降雨量は約 6,500 億 m³/ 年となる。国土全体からの蒸発量は、約 2,300 億 m³/ 年であるので、約 4,200 億 m³/ 年が日本の水資源賦存量（人間が最大限利用可能な水の量）となる。

　使用水量は、農業用水、工業用水、生活用水、その他（消流雪用水、養魚用水、発電用水等）の合計が約 862 億 m³/ 年であるので、3,338 億 m³/ 年が河川、湖沼、土壌、ダム、樹木等に一次的に貯蔵される。

　なお、日本は、約 5,700 万 t/ 年の食料を輸入し、その生産に必要な水約 800 億 m³/ 年を海外に依存していることを忘れてはならない。

　したがって、現在の食料輸入量が継続し、安定的に降雨がある限り、日本で水不足、水害が起こることはないが、季節、地域による降雨の不均一化により、渇水、豪雨がたびたび起こり、水不足、洪水等の被害が起こっているので、降雨量不均一化対策の推進が望まれる。

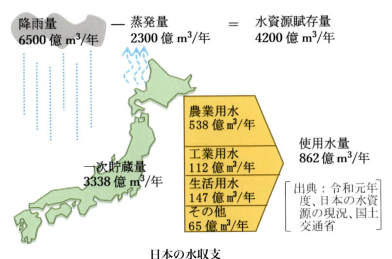

日本の水収支

　1939 年の琵琶湖大渇水、1964 年の東京オリンピック渇水、1978 年の福岡渇水、1987 年の首都圏渇水、1994 年の列島渇水、1934 年

の室戸台風、1945年の枕崎台風、1959年の伊勢湾台風、2019年の台風19号による風水害等の水による被害が繰り返し起こっている。

渇水は、取水制限等を行う必要があるかは、地域によるダム、湖沼、河川等の貯水量等によって異なるが、春から梅雨の時期の降雨量が50mm/月程度以下となれば取水制限等の可能性が高くなるようである。

1994年の列島渇水における福岡市の降雨水量は、5月が平年の約半分となり、その後も少ない状態が継続したので、1994.8月～1995.5月の10ヶ月の長期間取水制限がなされた。降雨量はかなりの確度で予知が可能であり、事前対策が不十分であったことは拭えない。

台風等による豪雨は、どの程度の降雨量がどの程度の時間続けば、河川、水路等の氾濫に至るかは、地域によるダム貯水量、河川容量、護岸高さ、治水対策等によって異なるが、50mm/h程度以上となれば取水制限等の可能性が高くなるようである。

2019.10.12の台風19号における福島県郡山市の降水量において、10月は354.5mmで、10/12日の1日で185mmとなり、市内の河川が氾濫をした。福島県では100年に一度の想定降水量を180mm/日とし、これを超えたことで、被害が大きくなったとしているが、一級河川・阿武隈川はなんども洪水被害を起こし、1998年に大改修を行ったが、台風19号では功を奏せず、多くの人命、家屋が失われ、気象予知システムによる対応、河川改修設定が甘かったと考える。

福岡市における1981-2010年平均降水量と1994年降水量の比較

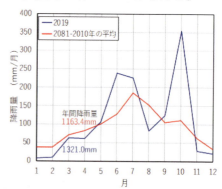

郡山市における1981-2010年平均降水量と2019年降水量の比較

4. 地球環境の維持・破壊

(出典：Wikipedia 治水)

風水害
2005.8月のハリケーン・カトリーナによる風水害(ニューオリンズ)

4.1 概要

地球温暖化の抑制

　地球温暖化は、水・大気循環バランスを崩す等で、地球環境の破壊を進行させている。したがって、地球温暖化を抑制するには、根本原因である炭酸ガス排出量を減らすことであるが、成層圏にエアロゾルを散布し、太陽光を反射させて気温を下げる等のジオエンジニアリング（気候工学）によるアプローチの試みもある。ここでは、根本原因である炭酸ガスの排出量減少、固定促進について取り上げる。

　炭酸ガス発生量を低減するには、省エネに努める一方、石炭、石油、天然ガス等の化石燃料を減らし、炭酸ガスを発生しない安全で、経済的なエネルギー源を確保・開発し、利用することである。

　太陽光、風力等の自然エネルギーの活用は進んでいるが、規模が大きくできないこと、エネルギー効率が低いこと、天候の影響を受けること等の課題であり、それらを克服することは容易ではない。

　新エネルギーとして期待される水素エネルギーは、炭酸ガスを発生せず、生産エネルギーよりも消費エネルギーの方が大きい（製造効率が100％以上）経済的で革新的な製造技術の開発は容易でない。また、核エネルギー利用において、核分裂による現在の原子力発電は安全性等の問題があり、安全性が高いとされる核融合による発電は、開発の途上にある。

エネルギー源
（水、バイオマス等）
生産エネルギー
（水素、重水素等）

排出源
（水蒸気、窒素等）
消費エネルギー
（燃焼、核融合等）

　一方、炭酸ガス吸収量を増加するために、次の事が進められている。
- ・排ガスより炭酸ガスを回収し、液化して地下に貯留する。
- ・大気中の炭酸ガスを植物、生物、土壌等で吸収し、黒ボク土、枯葉、糞等として固定する。

　炭酸ガスを液化して地下に貯留するには、経済的な炭酸ガス吸収・液化技術を具体化するとともに、活断層でなく、液化炭酸ガスを貯留する砂・火山灰等の空隙を有した層があり、その上にキャプロック構造の層

(ガスを通さない層 人工的に造ることも可能）がある地層の選定が大切となる。日本のどこにどの程度の規模であるかの地質調査を行い、経済的・永続的な対応手段となるかの見極めが大切である。

炭酸ガスを植物・生物で吸収し、枯葉、糞として固定することは、主に海洋で進んでいる。

大気中の炭酸ガスの吸収に優れた、マングローブ、アマモ等の海洋植物を海岸近くの浅瀬にまず生育・繁茂させる。繁茂するに伴い、プランクトン、エビ、魚等の海洋生物が生息しだし、生物ポンプ（海洋表層から海洋内部へ生物学的に炭素を輸送する経路）機能が働き、植物の枯葉、海洋生物の死骸、糞が海底に沈む。海底は溶存酸素濃度が低く、海底の沈殿物は酸化分解されにくいので、長年炭素が固定された状態を維持できる。

アマモ (出典：Wikipedia)

しかしながら、大気中の炭酸ガス濃度が増加するに伴い、海洋の酸性化が進行し、海洋植物、海洋生物の生育に影響が及んでおり、生物多様性が崩れ、生物ポンプ機能が低下し、海洋での炭酸ガス吸収・固定が難しくなっていくことが懸念されている。

地球温暖化を抑制するのは、炭酸ガスを発生しない高効率な革新エネルギーの製造・利用技術開発（グリーン水素、核融合等）、および森林、海洋植物・生物による吸収・固定技術の両者を効率よく組み合わせて展開することが重要と考える。

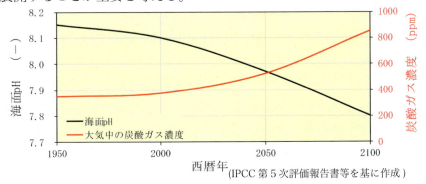

大気中の炭酸ガス濃度、海面pHの経年変化

世界の自然災害

古代の格言「水を制するものは、国を制する」にあるように、地球環境の中でも水対策は、昔から人知と自然との闘いが繰り広げられた。

近年、都市化の進行、地球温暖化等の影響で、自然災害は局地的で激しくなり、多くの人々の生命と財産が失われている。

世界における年間降水量を下図に示す。300mm以下である地域は、アフリカ北部、中東、中国北部、アメリカ西部、オーストラリア西部、南アフリカ南部等であり、これらの地域では渇水の問題がある。一方、年間降水量が1500mm以上の地域は、東・東南アジア、南アメリカ北部等であり、これらの地域では風水害の問題がある。

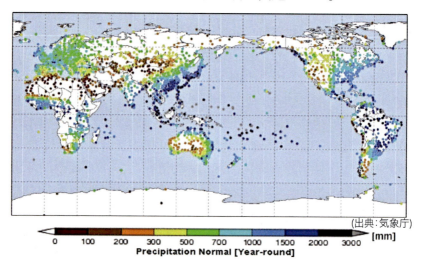

(出典：気象庁)

世界における1991-2020年の年間降水量の平均値

渇水、風水害等の自然災害による1998-2017年の10年間の人的被害、経済的な被害は、次図に示すように甚大である。人的被害は、風水害（洪水、暴風雨）が最も多く、渇水（干ばつ）も多い。エチオピア、スーダン等の降水量の少ない国では、干ばつによる被害者（死亡、栄養失調）が最も多い。経済的な被害は、風水害が最も多く、地震も多い。風水害、暴風雨は降水量が多い地域のみならず、降水量が少ない地域でも起こっている。また、渇水は降水量が多い地域でも、降水量

の季節変動が大きい時には起こっている。したがって、降水量によらず、各地域で自然現象の局地的な変動が頻発しており、渇水、風水害等に対する長期的な予測・対策を踏まえ、ハード面（ダム貯水量拡大、高堤防・遊水地設置等）、ソフト面（連絡・連携体制整備、ハザードマップ整備、情報の迅速な伝達等）対策を講じておくことが重要である。

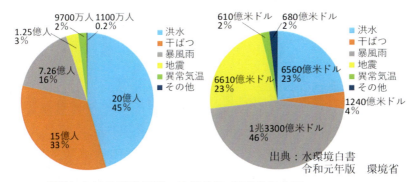

世界における災害種別の被災者数、経済的損失額(1998-2017)

日本の自然災害

　日本において、自然災害による死者・行方不明者数は、次図に示すように地震・津波被害がない年は、風水害と雪害（スリップ等による交通事故は含まず）で大部分を占め、100 名／年内外で推移しているが、大地震が起こった年は急増している。風水害等は、予報で予め安全な場所への非難ができるが、地震・津波は突然襲っているので被害が大きいと考える。なお、雪害による死亡者が継続的に多く、増加傾向にあり、高齢化が影響していると考えられる。さらに、日本では、渇水による被害者はなく、水資源・食料に恵まれていることによる。

　自然災害による被害額は、次図に示すように 1991 年以降急増しており、地球温暖化の進行等により、自然現象の局地的な変動が頻発していることが伺える。また、地震・津波がない年は、5000 億円／年内外であるが、地震・津波のある年は急増しており、2011 年の東日本大震災では、国家予算の約 18％に相当する約 17 兆円の被害を受け、地震・津波の破壊力の大きさが伺い知れる。

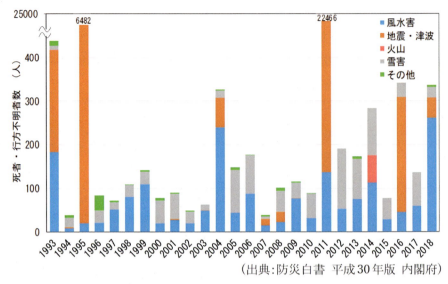

(出典:防災白書 平成30年版 内閣府)

日本における自然災害別の死者・行方不明者数の推移

(出典:中小企業白書 2019年版 中小企業庁)

日本における自然災害被害額の推移

4.2 自然現象の予知

　世界各国で人工衛星等のビッグデータをもとにAI等を用いて自然災害の予知システムが構築されている。

　日本における自然災害の予知システムを紹介する。

　日常的な気象は、地上に設置された地域気象観測所からのデータ(アメダス(地域気象観測システム))、高層気象観測器(気象レーダー、ラジオゾンデ、ウィンドプロファイラ、気象衛星)等からのデータが気象庁に送られて、統計処理後、気温、降水量等が公開されている。アメダスは、局所的な集中豪雨や暴風・強風等の気象災害を防止・軽減するために、従来の気象官署の観測網だけでは把握できない、大気現象を監視する目的で整備されたものであるが、日常的な気象予報にも活用されている。

　アメダスによる降雨量の観測地点は、全国約1,300地点(17km四方に1ヶ所)に設置されている。さらに、積雪地域においては約280地点で積雪深さも観測されている。観測所は、柵で囲まれ、地面からの反射光

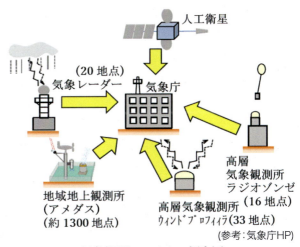

気象観測システムの概念図

を減らし、雨粒の跳ね返りを少なくするために芝生上にあり、柵内に測器感部と変換・処理部の2つからシステムが構成されている。

　なお、約840地点の観測所では測定データをもとに熱中症予対策の指標となる暑さ指数を算出し、公表している。

アメダス観測は無人観測設備であるので、環境による保守管理水準をいかにして維持するかが課題となっている。

　一方、生活に及ぼす自然現象として、豪雨、竜巻、熱波、寒波等による異常気象、地震、火山活動等がある。

　異常気象は、地球温暖化の進行、工業化、都市化の進展等により多くなってきている。そこで、気象観測衛星ひまわりを赤道上空35,800kmに打ち上げ、地球の周期と同じ周期で地球を回り、いつも特定範囲を宇宙より観測できるシステムが構築された。特に、2014～2016年に打ち上げられたひまわり8号、9号は、可視光線、赤外線、水蒸気による画像を2.5分毎に、カラー映像で撮影ができ、飛躍的に気象予知は進展した。パソコンやスマートフォンで、雨雲の動きを見ることができるので、イベントや旅行等の計画を立てやすくなった。

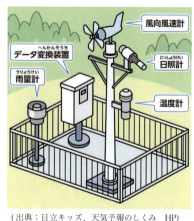

（出典：日立キッズ、天気予報のしくみ　HP）
アメダスによる観測所概念図

　ひまわり8号、9号による観測システムは、ひまわりからのデータを主局（埼玉県、東京都）に送り、副局（北海道）がバックアップとして機能し、気象衛星センター、気象庁に送信され、画像処理される。

　なお、現在の気象観測システムにおいて、台風、集中豪雨等について数日前より予測可能であるが、発生場所、時刻、降雨量の特定までには至っていない。また、エルニーニョ現象、ラニーニャ現象の発生による気流、海流の動きがどうなるかの精度のよい予測が難しく、どのような異常気象がどこにいつ起こるのかを精度よく予知するのは難しい。特に、豪雨をもたらす線状降水帯の事前予測が難しい。

　したがって、気象庁が発令する地域の防災気象情報に注意を払い、警戒レベル3になれば、高齢者は避難し、警戒レベル4になればすべての人がただちに避難することを心掛けておくべきである。

4.3 自然災害に対する備え

　豪雨、豪雪、竜巻、台風、熱波、寒波等の異常気象、地震、火山噴火等が起これば、建物に被害が及ぶだけでなく、インフラ（道路、鉄道、上下水道、電気・ガス、電話、通信等）が損傷を受け、生活に支障をきたし、人命にも危険が及ぶ。そこで、それらに対して次の備えをしておき、タイムリーに適切な行動をすることが望まれる。

①情報収集

　予め、水害ハザードマップ、津波・高潮浸水想定区域図、土砂災害警戒区域図、火山防災マップ、防災行動計画等で、自宅のある場所にどんな災害リスクがあるかを確認しておき、いつ避難するか、避難時にどのようなルートで、どこに避難するかを確認しておく。

　刻々と変化するタイムリーな情報は、テレビ、ラジオ、インターネット等で収集する一方、居住地域の具体的な情報として、気温、風速、雨量、河川の水位・様子等は、気象庁、国土交通省、自治体等のホームページよりオンラインで閲覧できる。

　災害が発生し、電気、情報通信網が遮断されると、情報収集が困難になるので、現在、バッテリ駆動の防災行政無線や衛星携帯電話（個人用もある）等が整備されつつある。

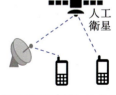

衛生携帯電話システム

②非常時の備品等の整備

　非常時の備えとして、懐中電灯、携帯ラジオ、水タンク、飲料水・非常食等を準備しておく。また、避難する場合に備え、貴重品、救急用品、常備薬、衣類、飲料水・非常食等を入れた持ち出し用防災バックを準備しておく。

③住居の修理・補強

　屋根、雨どい、外壁、家具の固定等に問題ないかを予め確認しておく。

（出典：首相官邸防災特集HP）
防災バック

4.4 風水害対策

(1) 概要

　風水害対策も渇水対策と同様、事前に気候を精査し、雨量計、水位計、監視カメラ等の機器等を整備して監視体制を強化し、ダム、河川の高堤防、洪水調整池、放水路、雨水貯留浸透設備等を整備し、適切に運用すれば、被害は最小限に食い止められる。

　しかしながら、近年、想定を超えた規模、経験したことのない規模等の表現がよくみられ、どの程度の規模（風速、降雨量）で、どの地域にいつ襲来するのかを予知して事前対策を行うかが重要である。

　風水害被害は、世界で、1998-2017 年の 20 年間に、約 18 億人（約 0.9 億人 / 年）の被害者、約 200 兆円（10 兆円 / 年）の経済的損失をもたらし、地球温暖化の進行とともに拡大している。

　風水害被害は、主に海水温度が高くなって熱帯低気圧が巨大化して起こり、下図に示す存在地域によって名称がつけられているハリケーン（最大風速約 33m/ 秒以上）、サイクロン（最大風速約 17m/ 秒以上）、台風（最大風速約 17m/ 秒以上）の発生地域に多い。

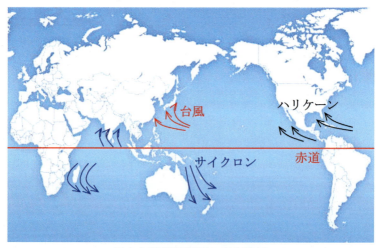

巨大な熱帯低気圧の存在地域

（2）世界の状況

アメリカ南東部は、2000年以降で、70個以上のハリケーンが来襲し、約35兆円の被害を出した。特に、2005.8月末のカトリーナは、死亡者・行方不明者約2500名、被害額約12兆円の甚大な被害をもたらした。

アメリカでは、ハリケーンに対する防災について、堤防、水防御壁の強化、水路の整備、排水ポンプの充実等を行っているが、防災システムが有機的に機能せず、被害を拡したとされている。特に、越流に対する堤防の設計が不備で、多くの堤防決壊を招いたと指摘されている。また、ハリケーンの事前、事後対応に噴出した多くの問題を教訓とし、今後の防災システムの強化に生かしてほしい。

バングラデッシュの場合、間降水量が約2000mmで、5-9月の雨季では300mm内外/月の雨量があって、この時期にたびたび風水害の被害を受けている。UNDP（国際開発計画）等では、風水害対策を提案しているが、イスラム教による伝統的な慣習で西洋の近代的な対策を受け入れない、ハード対策による自然破壊、他地域への影響等で、対策が難航し、治水対策が十分に進められない状況にある。

中国でも各地域でたびたび風水害被害が起こっている。年間降雨量は約1000mm（成都の場合）とさほど多くないが、都市化の進展により、貯水機能、排水機能等の治水対策が追い付かないことが原因である。

インドでも各地域でたびたび風水害被害が起こっている。年間降雨量は約800mmと日本の半分程度であるが、河川の多くがヒマラヤ山脈を水源とするので、上流域では堆

（出典：Wikipedia ハリケーン・カトリーナ）
大西洋・カトリーナの衛星写真

積物が流れ込んで、ダムに土砂が堆積し、堤防を侵食し、下流では土砂が堆積することで、河川の治水機能が低下する一方、都市化による貯水機能、排水機能等の治水対策が追い付かないことが原因である。

アジア等で風水害の多い原因は、地球温暖化等により、太平洋の熱帯付近で起こるエルニーニョ現象、ラニーニャ現象等により、台風、モンスーン等による局地的な豪雨が起こりやすいことも関係している。また、地域独自の伝統的な慣習や河川流域状況、都市化等に伴った貯水、排水の機能等の強化・拡充が遅れていることも原因と考える。

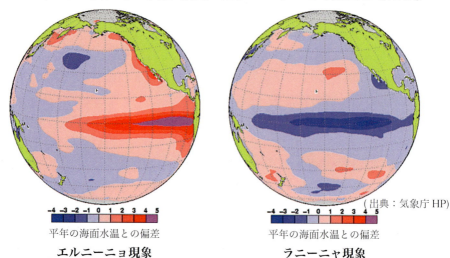

(出典:気象庁HP)

エルニーニョ現象　　　　　　　ラニーニャ現象

ペルー西側海域の海面温度が　　ペルー西側海域の海面温度が
平年よりも高くなる現象　　　　平年よりも低くなる現象

風水害の人的、経済的な被害は甚大であり、ソフト面、ハード面の両方で当事国が積極的に対策を講じていくことが重要であるが、開発途上国では資金不足、技術不足等により、対処できないことも考えられるので、UNDP等による国際的な支援体制の整備も必要である。

欧米の先進国では、日本と同様、ダム設置、河川改修、遊水地設置等による風水害抑制が主流であるが、豪雨対応は不十分である。そこで、地下水汲み上げによる地盤沈下の抑制等も兼ねて、地下の滞水層に雨水を流入させることが実施されている地域がある。

(3) 日本の状況

　地域の風水害対策は次のハード、ソフトの対策で構成されるが、都市化・森林荒廃の進展により、洪水・渇水被害が拡大している。

　〇ハード対策　　　　　　　　　　〇ソフト対策
　　・河川、ダム等の改修等の対策　　・雨水、水位の情報収集
　　・流域における貯留・浸透等の対策　・警戒・水防体制
　　・流域における土地利用等の対策　・浸水予想区域図の公表

(出典：国土交通省のHPをもとに一部加筆)

総合治水対策

　具体的には、上図に示す総合治水対策が考えられる。すなわち、河川、ダム等を主体とする改修では、地或の都市化進行等により、50-100年に一度の大雨対応が難しいので、地域の有する田畑、森林、各戸の雨水浸透、貯留等を活用した治水対策と組み合わせて水害の低減を図ることが、2021.4月に成立した流域治水関連法で示されたが、行政、企業、住民等の連携が不十分で、十分な治水効果が出ていない。ここでは、ハード対策による対策、すなわち、河川、ダム等の改修等による対策、流域治水対策を取り上げる。

①河川、ダム等の改修等の対策

日本において、オランダ技術者の指導で、河川の治水技術が発展し、洪水防止等を目的とした河川整備計画は、河川流域に50-100年に一度の降雨量（m³/日、またはm³/h）が、そのまま河川に流入した場合の流量である基本高水流量（m³/s）を定め、ダムや遊水地等による貯留量（m³/s）を差し引いた計画高水流量（m³/s）に基づいて行われる。

しかしながら、50-100年に一度より少ない降雨量でも、堤防が浸透（堤防内を水が浸透し、堤防の崩壊が進む）、浸食（水位が上がり、堤防を削り取る）、越水（水が堤防を越え、堤防の裏側を削り取っていく）等により破壊され、氾濫を起こしている。また、本川の水位が上昇し、支川の水が流れにくくなって氾濫するバックウォーター現象、下水道、特に合流式下水道より水が溢れる内水氾濫がたびたび起こっている。

降水量が同じでも、河川に流入する流量は、流域の都市化、工業化、森林の涵養力低下等により、多くなる。また、ダム、遊水地、河川は、堆砂等により、許容できる水量が低下していく。

一方、50-100年に一度の降水量に対応するように計画されたが、地球温暖化による海水温上昇で同じ地域に長く続く線状降水帯等で想定した降雨量以上の局地的豪雨により、たびたび氾濫が起こっている。そこで、河川の治水対策として、次のハード対策が実施されている。

〇水を安全に流す　　河道を拡大する。堤防を高くする。法面を強化する。放水路を設ける。捷水路（蛇行水路を直線化）とする。水路付け替えを行う。

〇水を一時的貯留　　地下／地上に洪水調節槽・遊水地を設置する。ダムの堤高を高くする。

〇特定地域を守る　　輪中堤を設ける。宅地嵩上げ、田圃貯留を行う。

しかしながら、氾濫をなくするには至っていない。自然現象をコンクリートによる人工物（グレーインフラ）のみで対処するには無理があり、土壌、植物、生物等を有する森林、農地、公園等の貯留、浸透、保水等の機能を活かすグリーンインフラの活用・整備が望まれる。

河川の洪水対策は、広域地域対象でなく、限られた流域地域対象、

および地下/地上に大規模な洪水調節槽・遊水地の整備を行うことに移行しているが、次に示す国土交通省が風水害の防災・減災のあり方等より、ハード整備では限界と考えられる。

　　・最大クラスの大雨等に対して施設で守りきるのは、財政的にも社会環境・自然環境の面からも現実でない。

　　・比較的発生頻度の高い降雨等に対しては、施設によって防御することを基本とするが、それを超える降雨等については、ある程度の被害が発生しても、少なくとも命を守り、社会経済に対しても撲滅的な被害が発生しないことを目標とし、危機感を共有して社会全体で対応することが必要である。

　これより、規模が大きくない大雨等においても施設によって防御できないことを物語っている。したがって、整備された治水対策でも安全とは言えず、安心せず、常に危機意識をもって大雨に備えることが大切である。しかしながら、避難警報を発してもすぐに避難しない人が多く、いかにして直ちに避難させるかが課題となっている。

　2015年に改正された水防法で、1000年に1回の洪水浸水を想定し、備え（避難ルート確保、住宅補強）の重要性が強調された。

　風速、降雨量に関して、気象庁等では次表を示しており、強い風、激しい雨の状態が続くようであれば、安全な場所に速やかに移動できるように常に意識しておく必要がある。

風速の強さ・雨量の量による人・物への影響

風速			降雨		
強さ	風速(m/s)	人・物への影響	量	雨量(mm/h)	人・物への影響
やや強い	10-15	風に向かって歩きにくい傘がさせない。	やや強い	10-20	ザーザーと降り、一面水たまりができる。
強い	15-20	転倒する人がでる。看板・トタン板がはがれ始める。	強い	20-30	どしゃぶりで、側溝、小さな河川があふれる。
非常に強い	20-30	細い木の幹が折れる。看板が落下・飛散する。	激しい	30-50	バケツをひっくり返したように降る。
猛烈	30-40	電柱、街灯が倒れる。	非常に激しい	50-80	滝のように降る。河川が氾濫する。
	40以上	住宅で倒壊するものがある。	猛烈	80以上	かなりの圧迫感があり、大規模災害の恐れ。

　また、都道府県、市町村では、降雨量に関し、国土交通省の指針に基づき、河川における年超過確率を1/1000（1年間に発生する確率

が 1/1000 の降雨量）とし、6、12、24、24 時間（河川によって異なる）における想定最大雨量を定め、それに基づいた治水対策、ハザードマップ作成等を行っている。河川によって最大想定雨量は異なるが、12 時間で 500mm 内外、24 時間で 1000mm 内外が多い。

最近、想定最大雨量未満でも河川等の氾濫は起こっており、令和元年東日本台風(2019.10月の台風19号)では、最大瞬間風速50m/s 内外、24 時間降雨量 500mm 内外の地域が多くあり、中小規模の河川が次々と警戒水位を超え、次図に示すバックウォーター現象、内水氾濫（下水と雨水を同一管で送水している都市部で多い）、越水による堤防決壊等が起こり、避難誘導が遅れ、被害を拡大した。この水害は、決壊した中小河川の90%が県管理で、事前に浸水想定区域図を作成しておらず、治水対策が十分なされていなかったこと等も原因とされる。

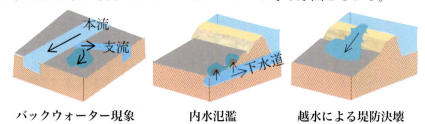

バックウォーター現象　　　内水氾濫　　　越水による堤防決壊

想定最大雨量に対する河川整備計画を本流の河川流域の降雨量のみならずダムの貯水量、上流からの流木・土砂、支流の河川、河川に流れ込んでいる下水、用水路、遊水地・タンクも含めた対策を進める一方、リアルタイムでの川の水位・状況の観測による迅速な避難誘導対策が必要であることを肝に銘じて今後に生かすべきと考える。

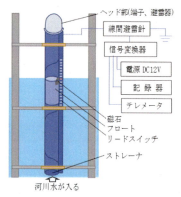

リードスイッチ式水位計

河川の水位は、従来、橋脚等に取り付けた目盛を記入した水位標を目視で読み取っていたが、精度、有人監視等に問題点があり、フロート式、

気泡式、リードスイッチ式、水圧式等の接触型の自記水位計が普及した。しかしながら、従来の自記水位計は、リアルタイム監視に問題がある一方、流速やごみ・砂等の異物の影響を受ける。

そこで、無線式で、非接触型の超音波式、マイクロ波よる電波式が普及してきた。特に、近年、洪水は１級、２級河川のみならず、中小河川でも頻発しており、橋の欄干等に取り付ける太陽電池を電源とした低コストの非接触型、無線式水位計が普及してきた。この水位計でリアルタイムな河川水位変動監視でき、迅速な避難誘導に役立つと考える。

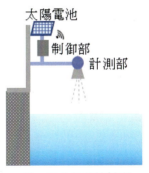

低コストの非接触型、無線式水位計

次に、ダムによる治水対策を取り上げる。

ダムは、特定多目的ダム法により、利水、治水のための一定量を常時貯水することが定められている。そのため、渇水期、洪水期での利水量を利水者と事前協議を行って合意をしていないと、降水量に応じて適切に放流対応するのが難しい。

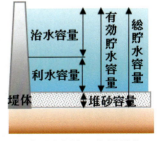

ダム貯水池の容量配分

ダムは現在約3,000基余りあり、その内約50％が降水量に対応した洪水調節容量を持たず、貯水容量の約30％が治水（洪水調節）に利用できるに留まっている。

そこで、国では、ダム貯水量を降水量等に応じて貯水量を調節できるようにダムの運用方法を見直し、設備増強を進めている。具体的には利水量を事前放流で減らしたり、ダム堤高を高くしたり、堆砂を減らしたりして貯水量を増やすことが実施、計画されている。

ダムの運用方法の見直し、設備増強で洪水対策の強化を進めている兵庫県宍粟市にある引原ダムについて具体的な内容を紹介する。

引原ダムは、総貯水容量2,195万m³、有効貯水容量1,840万m³で、洪水調節（治水）、工業用水・発電（利水）を目的とし、揖保川の上流域の引原川を源流とし、1958年完成した多目的ダムで、揖保川の流域面積810km²、流域人口約15万人の安全を守る要である。しかしながら洪水調節のための治水容量は、有効貯水容量の約30％の565万m³に留まっており、洪水対策改善策が課題となっている。

また、ダム設置後、半世紀を経過し、近年の洪水の頻発・激甚化等で、次の問題が起こっている。

引原ダム付近の概略図

- 1976.9月の台風17号（総雨量483mm）、2009.8月の台風9号（総雨量231mm）により、揖保川流域で浸水被害が多発生した。
- 2011.8月の台風12号（総雨量361mm）において、引原ダムでは異常洪水時防災操作（洪水時の最高水位を超えることが予測された場合、流入量に見合う放流を行う操作）を実施。これ以後、ダムでは降水量予測の下で、事前放流を実施。
- 2018.7月の台風12号前に引原ダムでは2回の事前放流が実施されたが、総雨量533mmに対応しきれず、計画高水量100m³/秒を超える135m³/秒の放流を行う異常洪水時防災操作の実施に先立ち、揖保川流域で約4千人に避難勧告がなされた。
- ダムの洪水調整方式はバケットカット方式（不定率調整放流方式：洪水前に予備放流を行い、貯水できる量を多くし、洪水時に流入

量に見合う量を放流する）で、ゲート操作に熟練を要し、熟練員の確保がむずかしい。

　これらの問題に対応するために、国が支援する「ダム再生計画策定事業」の補助を受け、兵庫県主導で、洪水調整容量を 240 万 m^3 増加させる次の事業を推進することが定められた。

・堤高を 2m 高く（66 → 68m）、堤頂長を 22 m 長く（184m → 206m）することで、有効貯水容量を 90 万 m^3（1,840 → 1,930m^3）増加。
・コンジットゲートの新設（堤体中の下部に設置された洪水調節用の大容量の高圧放流ゲート）で、事前放流量を 150 万 m^3 増加。
・クレストゲート（ダムの堤頂部に設置されるゲートで、異常洪水時に天端からの越流を防ぐための非常用ゲートとして使用）2 門の拡大・更新の実施
・ダムの洪水調整方式を、一定量放流方式（ある一定以上の流入量に対し、その一定量以上の放流を行わない方式で、操作が簡単で確実性のある洪水調節方式）とする。

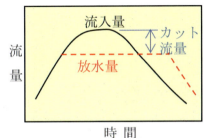

ダムの一定量放流方式

　ダム再生工事は、2020 年に現地調査をスタートし、2023 年に設備工事に着手し、2029 年の完成を目指している。

　ダムの堤高を高くし、貯水機能を拡大することは、岩木川水系の津軽ダム（青森県）、木曽川水系の新丸山ダム（岐阜県）、六角川水系の永池ダム（佐賀県）、郡川水系の萱瀬ダム（長崎県）、北上川水系の山王海ダム（岩手県）等でも実施された。

②流域における貯留・浸透等の対策

　地域の都市化等により、洪水調整能力を有する田畑、ため池、森林等の減少、浸透性のない道路・駐車場等のコンクリート・アスファルト化、雨水と下水を同じ管に流す合流式下水処理方式に伴い、都市部

ではたびたび水害が発生している。

そこで、都市部等で取り組まれている地上設置の多目的遊水地（平常時は公園、洪水時は治水地）、大深度地下設置の貯水槽、放水路、公園等の地下設置の雨水貯留浸透設備を取り上げる。

大阪府・寝屋川流域では、降雨量50mm/hで床下浸水、降雨量60mm/hで床上浸水を防ぐため、流域基本高水ピーク流量2,700m³/秒とし、多目的遊水地（平時は公園、洪水時は貯留施設）、地下河川、調節池等の整備を進めている。まず、寝屋川中流域の調整地の一つである地上の寝屋川多目的貯水地（深北緑地）を紹介する。

寝屋川多目的貯水地は貯留面積が50.3ha、貯留量が146万m³で、A、B、Cの3ゾーンに区分けされている。大雨で寝屋川の水位上昇時には、Aゾーンに越流してきた水をAゾーン（貯留量：42.5万m³）にまず

寝屋川多目的貯水地(深北緑地)

貯留し、Aゾーンが一杯になればBゾーン（貯留量：51.3万m³）に貯留し、Bゾーンが一杯になればCゾーン（貯留量：52.2万m³）に貯留し、洪水による被害を防ぐ地上施設である。降雨量が落ち着くと排水門より寝屋川に排出される。

1982年にAゾーンが完成し、1992年にCゾーンが完成した。1982年以後、20回程度湛水し、1999、2004年にCゾーンまで湛水したが、寝屋川の氾濫は防ぐことができた。

寝屋川水系には、深北緑地以外に、打上川治水緑地（貯水容量：

27万m^3）、花園多目的遊水地（貯水容量：32万m^3）、恩智川治水緑地（貯水容量：165万m^3）等がある。

次に地下貯留槽の例として、寝屋川地下河川と首都圏外郭放水路とを取り上げる。

たびたび浸水被害のある大阪府寝屋川流域（流域人口：約283万人、流域面積：約268km^2）では、治水強化策として、密集した市街地で新たな河川の開削や拡幅は困難と考え、道路等公共施設の地下空間を有効利用し、主に合流式下水処理場の雨水吐き室をオーバーフローした汚水の混じった雨水の放流施設として地下河川を建設することにした。地下河川（北部地区と南部地区）は、土地所有権が及ばない地下40mより深い所に設けて対応することにした。すでに建設工事が始まり、一部が供用され、2044年の完成を目指している。

治水目標として、1932年に寝屋川流域で観測された戦後最大雨量（62.9mm/h、311.2mm/24h）に対応できることとしている。

寝屋川北部地下河川は、直径5-11.5m、長さ11.2kmのトンネル（調整池）といくつかの立坑を組み合わせ、67万m^{3}の雨水を一時貯留し、排水能力250m^3/秒のポンプを用いて大川に放流するものである。

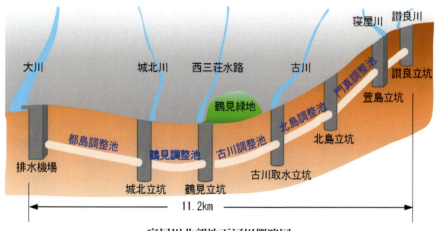

寝屋川北部地下河川概略図

寝屋川南部地下河川は、直径 6.9-9.8m、長さ 13.4km のトンネル（調整池）といくつかの立坑を組み合わせ、79 万 m³ の雨水を一時貯留し、排水能力 180m³/秒のポンプを用いて木津川に放流するものである。

　また、埼玉県春日部市周辺の中小河川（中川、倉松川、大落古利根川、18 号水路、幸松川）の洪水を防ぐために、地下 50m、総延長約 6.3km、貯水能力 67 万 m³ を有する世界最大級の首都圏外郭放水路が 2006.6 月に完成し、現在、供用されている。

　この放水路は、奈良時代以後たびたび洪水被害があり、1947.9 月のカスリーン台風等で大きな被害のあった利根川水域の治水強化の一環として、中川等の中小河川を洪水から守るために整備された。

　利根川流域は、群馬県の大水上山を源流とし、1 都 6 県（東京都、茨城県、栃木県、群馬県、埼玉県、千葉県、長野県）に広がり、長さ 322km、流域面積 16,840km²、流域人口約 1300 万人の首都圏の要の水源であるが、日本三大暴れ川（他に、築後川、吉野川）と呼ばれ、奈良時代以後、治水のために河川整備の計画高水流量がたびたび上方修正され、流路変更、堤防、堰、用水路、放水路、分水路、洪水調整池、多目的ダム等が設置された。また、1987 年の首都圏渇水等で利水関係も踏まえた対応が求められた。

　利根川流域は、都市化・工業化の進展により、地上に治水対応の施設を整備するのは難しくなり、土地所有権が及ばない地下 40m より深部に各河川より越流した水を一時貯留する地下放水路を整備した。

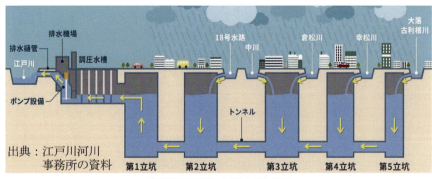

首都圏外郭放水路の模式図

(出典:江戸川河川事務所の資料)
調圧水槽(78×177×高18m:約25万m3)
(楕円柱(奥行7m、幅3m)59本が水槽の天井を支えている)

(出典:Wikipedia 首都圏外郭放水路)
第一立杭 (直径31.6m、深さ72.1m)

　この放水路は、5本の立杭（内径：15.0-31.6m、深さ：63-71m)、放水路トンネル（長さ：約6.3km、内径：6.5-10.9m)、調圧水槽（長さ：177m、高さ：25.4m、幅：78m)、排水機場（排水量：200m^3/秒）より構成され、一次貯留後、江戸川に順次放流される。2019.10月の台風19号で満水の90%を貯留し、中小河川の氾濫を防止した。

61

兵庫県西宮市でも、長さ 1.4km（貯留量：3.4 万 km^3）の地下貯留槽による洪水対策を津門川の上流流域で行い、2023 年度末に完成した。
　地下に構造物を設置することは、安全安心なベストの方法だろうか。構造物体積に占める水占有率が低く、堆積した泥除去等の問題点がある。世界より情報を集め、知恵を出し、鋭い探究力で、地域特性を踏まえた安全安心な治水技術の展開を望む。例えば自然現象を活用し、雨を地下の不飽和滞水帯に貯留することはできないかと考える。

　2021.4 月に成立した流域治水関連法により、公園、運動場等の地下に雨水貯留浸透設備（雨水を一時貯留し、大雨が治まった後、河川に流す設備）、地域単位で雨水浸透桝の整備が進んでいるが、河川流域全体面積に占める割合は小さく、治水効果は限定的と考える。

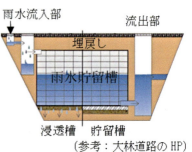

雨水貯留浸透設備の一例

③流域における土地利用等の対策
　輪中堤防、宅地嵩上げ

　ダムや河川整備、地下貯水槽等による広域の治水対策では限界があるので、滋賀県等のように特定地域単位で、浸水深さが大きい所での住居建築を知事による許可制としたり、宅嵩上げ、高台への移転費を補助したり、水害に強い住宅づくりを推進したり、舞鶴市・福知山市の由良川流域のように特定地域（宅地）を輪中堤、嵩上げしている所がある。

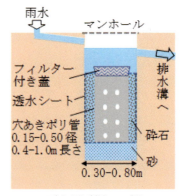

雨水浸透桝の一例

　しかしながら、住宅を嵩上げしたり、高台へ移転するには、自己負担が伴うので、足踏み状態にある。また、水害に強い住宅づくりは、コスト、利便性等に課題があり、構想を広く普及させるに至っていない。

盛土による嵩上げ　　高 床　　防水塀で囲む　外壁を防水にする
(参考：水害対策を考える、国土交通省)
水害に強い住宅

田んぼダム

　田んぼは、周囲より高い畦畔で囲まれているので、降雨を一時貯留できる。

　そこで、農村地域で、田んぼの畦畔を高くし、強化する整備を行い、降雨時に排水口に堰板を取り付け、徐々に排水しながら田んぼに一時貯留して、排水を抑える浸水抑制対策が、2002年頃より始まった。

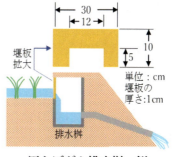

田んぼダム排水桝一例

　田んぼダムを発展させ、スマートフォンで遠隔操作により給水口、排水口の操作が自動でできるスマート田んぼダムが2021年より、農林水産省の補助事業として、各地で実証試験を行なわれている。

自動給水装置

自動排水装置

　自動の給水、排水設備は、太陽パネル・バッテリー、通信設備、自動開閉栓の付いた直径約220×高約650mmの円筒状設備と直径約60×高約500mmの水位水温計より構成され、一区画に各1-2個が設置される。携帯通信網を使ってクラウドサーバと直接通信を行うことで、設備の操作を行い、降雨前の排水、降雨時の貯留、降雨後の排水を行う。

　流域治水対策は、河川・ダム改修よりは、治水効果が小さく、50mm/h降雨に対して、5-20%の低減効果に留まる。

森林による治水

森林土壌は保水性・浸透性を備え、肥沃な土壌では200-300mm/h程度の保水力・浸透性を有し、荒廃した土壌では50mm/hに満たない。

持続的な伐採・植林が行われている保水性・浸透性に優れた森林は、緑のダムと言われ、降雨を貯め、徐々に流出することで、洪水・渇水被害を軽減することができる。

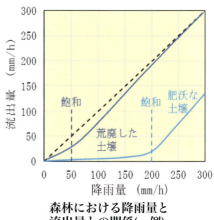

森林における降雨量と流出量との関係(一例)

グリーンインフラによる治水

治水対策としての地下の雨水調節池、貯留槽等は、主にコンクリートで造られ、グレーインフラと称され、洪水時のみに機能を発揮するが、それ以外の期間は、人目にも触れない状態にある。

一方、グリーンインフラは、1990年頃に欧米で、自然環境（土壌、植物、生物等）の有する機能を活用することで、防災・減災、地域振興、環境保全に効果があるとの概念が示され、2013年頃より徐々に整備が進んでいる。日本では、国土形成計画で、2015.8月に閣議決定され、上図に示す効果があるとして、徐々に整備が進んでいる。

グリーンインフラの例として、農村部で実施されている田んぼダム、森林整備、都市部で実施されている雨水浸透歩道、雨水浸透広場、および緑化された屋上、歩道脇に植栽された草木、雨水排水・防災用の

水路等がある。

　グレーインフラとの違いは、常時人目に触れ、防災・減災外に、レクリエーション機能、憩い・安らぎ効果があるとともに、ヒートアイランドの緩和、生物生息、地域の活性化に役立つことである。

　現在、日本の都市部で整備されたグリーンインフラで、規模の大きいのは、横浜市西区のグランモール公園である。

横浜市・グランモール公園

　グランモール公園は、1989年の横浜博覧会で整備され、1999年にオープンし、その後再整備がされ、現在、面積2.3ha（長さ700m、幅25-50m）に、美術館、商業ビル、マンション等の間に、雨水浸透歩道、歩道脇に植栽された草木、広場、水路、噴水、彫刻、ベンチ等が整備され、雨水貯水効果、ヒートアイランド緩和、鳥類・昆虫類の生息が確認され、人々の憩い・安らぎの場として活用されている。

緑化された軌道敷を走る路面電車(大阪市)

　横浜市以外の都市部にグリーンインフラが整備された所として、大阪市、熊本市、鹿児島市の電車の軌道敷緑化等があるが、いずれも規模が小さ、防災・減災、地域振興、環境保全等の効果は限定的と考えられる。

　グリーンインフラの課題として、地域に根差し、地域の人々が継続的に憩い・安らぎを感じ、防災・減災、地域振興、環境保全に効果があるようにするには、維持管理のために、地域コミュニティーをつくり、強化することであると考える。

4.5 土砂災害対策

　土砂災害は、大雨、地震、融雪等によって斜面が崩壊することによって起こる。斜面、あるいは斜面下に道路や住居がある場合は被害を受けやすくなる。

　日本は、山地が約75％を占め、山麓の傾斜面や谷に道路、住居が多くあるとともに、年間降雨量が約1720mmと多く、特に6-10月は梅雨、台風等で大雨となる等により、斜面の水分が増えて崩壊する土砂災害が多く、年間約1000件程度発生し、人的、家屋、道路等の被害が多く発生している。土砂災害後は、利用できる土地が少ないので、容易に他の場所に移れなく、現場を復旧して住居等を構えるケースが多い。

　インドネシア等でも同様な地形で、年間降雨量が多いので、土砂災害が発生し、人的、家屋、道路等の被害が多く発生している。土砂災害後は、日本と同様、現場を復旧して住居等を構えるケースが多い。

　一方、欧米では、多くが安定した地盤の上に住居等を構えているので、土砂災害が少ない。万一、住居等が土砂災害にあえば、土地が広大であるので、現場を復旧して同じ場所に住居等を構えることは少なく、別の場所に移って再建するケースが多い。

　したがって、日本における土砂災害は、日本の固有の事情によって起こり、斜面、谷が多い地形、年間降雨量が多い地域に多くの人が住み、災害が起これば、現場を復旧して復興するケースが多い。

　そこで、日本の場合を例にとって、土砂災害のメカニズム、対策を取り上げる。日本の土砂災害は、次のように分類され、約70％ががけ崩れである。

　　　がけ崩れ：急傾斜部分が比較的急速に崩壊する現象
　　　土石流　：水を含んだ大量の土砂が急速に渓流を流下する現象
　　　地すべり：比較的緩い傾斜部分の一部、あるいは全部が地下水や
　　　　　　　　地質構造によって、広い範囲に渡って緩慢な速度で滑
　　　　　　　　動する現象

斜面は、摩擦抵抗力＜滑動力となれば滑り出し崩壊する。

摩擦抵抗力（$\mu \cdot mg \cdot \cos\theta$）
　［μ：静止摩擦係数、mg：塊の質量、θ：斜面の傾斜］

滑動力（$mg \cdot \sin\theta$）

したがって、斜面崩壊を防止するためには、斜面の傾斜を低くし、塊の質量を小さくし、静止摩擦係数を大きくすることである。特に、森林状態、土質状態、水分等によって変化する静止摩擦係数を低下させない、あるいは大きくすることが重要である。

(出典: Wikipedia 土砂災害)
がけ崩れ

土砂災害は、降雨、地震、風化、強風等による直接的な誘因と、地形、地質、土質、植生、水分環境等の間接的な素因によって起こり、それらの対策法を次に示す。

○森林植生の適正化（樹木の種類、形状、密度を適正化し、林床照度をよくし、根を鉛直、水平に張りやすくする）
　・樹木の形状　形状比（樹高/胸高直径比）を70以下とする。
　・樹齢50年程度以上の樹木を伐採
　・立木率を20年後に1000本/ha、50年後に500本/ha程度となるように間伐し、林床照度をよくし、林床植生を促す。
　・根を鉛直に張る樹木、水平に張る樹木を混交する。
　　　　根が鉛直方向に延びる
　　　　　アママツ、クロマツ、スギ等の針葉樹
　　　　　コナラ、ミズナラ、クヌギ、クリ等の広葉樹
　　　　根が水平に伸びる
　　　　　ヒノキ、カラマツ、ツガ等の針葉樹
　　　　　ブナ、ケヤキ、ハンノキ等の広葉樹

マツ　　スギ　　クヌギ　　ヒノキ　　ブナ

(出典：新装版樹木根系図説、苅住昇、誠文堂新光社、1987年)

・樹齢、樹高が異なった樹木で構成されるように、針葉樹と広葉樹との針広混交林とする。

○地盤改良等による地盤強化

　・風化防止

　　　斜面表面にコンクリート（モルタル）の吹き付け

　　　斜面表面に格子状コンクリート、コンクリートブロック、石積の設置

　・地盤強化

　　　斜面にアンカー、ロックボルトの打ち込み

　・地表水、地下水の排水

　　　斜面に水を排水する水路を設置

　・柵、ネット、砂防堰堤、コンクリート擁壁の設置

針広混交林の例

格子状コンクリート（法枠工）

　2019年度の土砂災害警戒地域として、全国で約60万箇所が指定され、ハザードマップで場所の公表がされているが、対策が取られているのは約半数であり、危険な地域に多くの人が居住している。

　人的被害等を防止するには、危険な場所より別の場所に移る、危険な状態となれば避難することが考えられるが、前者は、新たな土地の確保等の観点より進まず、後者は自治体からのタイムリーな避難指示が難しく、土砂災害の被害は減少していない状態が継続している。

　なお、森林植生の適正化は、大雨時に森林から流出する流木、水、土砂を減らし、河川流域の水害を抑制するために重要であることを明治時代の木曽三川治水事業で、オランダ人技師・デ・レーケは力説した。

68

4.6 雪害対策

　日本において、風雪に伴い、ホワイトアウト（吹雪で視界が極端に悪くなる状態）、道路凍結等による立ち往生・交通事故、屋根の雪下ろしによる転落事故、落雪事故、雪崩、スキー・スノーボード等のレジャーによる事故等の雪害が毎年数百件あり、百数十人／年の人が死亡している。死亡事故で一番多いのが交通事故で、次いで屋根の雪下ろしによる転落事故である。

　近年の冬期は、短期間でみるみる積雪し、幹線道路、高速道路での立ち往生・交通事故が頻発した。

　短期間の豪雪による道路状況の情報が、迅速・的確に車両ドライバーに伝わらなかったことによる。したがって、豪雪に備え、緊急速報メール、マスメディア、インターネット等で、迅速・的確に情報を伝達できるようにする情報伝達手段の整備が必要である。

(出典：国土交通省 HP)
2020.12.18 関越自動車道における自動車の立ち往生状況

また、国土交通省では「大雪に対する防災力の向上方策検討会」で2012年3月、報告書をとりまとめ、実践的な除雪作業中の事故防止対策の徹底、地域コミュニティの共助による雪処理の励行等に関する提言をした。

　提言内容は、除雪作業は複数で行う、携帯電話を携行する、命綱・ヘルメットを着用する、はしごを固定する等の実践的な事故防災対策として「雪下ろし安全10箇条」のポスターを作成したほか、地域一斉雪下ろし、除雪ボランティア等雪処理の担い手による協力・安全対策の推進、広域連携による担い手確保と情報交換の推進、災害時要援護者の支援体制整備等への取組みを促し、注意喚起に努めているが、高齢化、1人住まいの進行等で、なかなか事故が減らない。

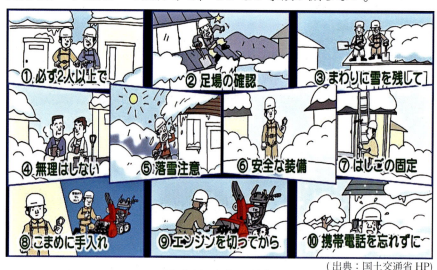

（出典：国土交通省HP）

雪下ろし安全10箇条

　屋根の雪下ろし事故防止のために、従来の落雪式（屋根に傾斜をつけて雪を自然、あるいは人工的に落とす）に変わって克雪式（融雪式：屋根に加熱パイプをつけて雪を解かす、耐雪式：鉄筋コンクリート造り等により、積雪荷重に耐えられる屋根の設置）の設置を国、自治体等では補助金をつけて普及を図ろうとしているが、建設費、設備費、維持管理費等がネックとなり、あまり普及が進んでいない。

5. 生命の維持・進化

渇 水
飢餓救助団体により浄水が配給されるエチオピア南部
(出典:Wikipedia東アフリカ大旱魃)

5.1 概要

水資源の確保

　生命のある人、動物、植物が生き、進化するには良質水の継続的な量の確保が重要で、長期的、中期的、渇水時に分けて考える必要がある。

　長期的には気候変動の予測、水資源分布調査、水資源量の拡大等を踏まえた利水計画が考えられる。

　気候変動予測は、地上からの電磁波、人工衛星等によるデータをスーパーコンピュータで解析し、気候予測されているが、数ヶ月先の地域別の降水量、局地的な降水量を精度よく予測するまでには至っていない。

　水資源分布は地下の帯水層等の水脈状態を電気探査で調べることができる。世界の降水量の少ない地域で

継続的な水確保のための時系列的な対策

長期的対策
- 気候変動の予測
- 水資源分布の調査
- 水資源量拡大
- 適切な利水計画

中期的対策
- ソフト対策
   - 適切な利水計画
   - 連絡・連携体制の整備
   - 情報の迅速な伝達体制整備
   - 給水場所の整備
- ハード対策
   - ダム貯水量の拡大
   - 遊水地の整備
   - 海水淡水化設備の拡充
   - パイプラインによる導水
   - 雨水等の貯留槽の拡充
   - 下水等のリサイクル施設拡充
   - 人工降雨

渇水時対策
- 給水場所の伝達
- 給水制限程度・期間
- 応援給水の迅速な始動

積極的に調査し、地下水脈を活用することが考えられるが、深層でないと十分でない状況にある。

　水資源量拡大は、森林を整備し、多くの水を蓄え、ゆっくりと流出させることであるが、過疎化の進行で放置森林の増加等による森林の涵養能力は低下しているので、歯止めをかける必要がある。

　気候変動予測、水資源分布等を踏まえ、水資源量に応じた利水計画の策定が望まれる。中期的には、まず、水資源量に対応した利水計画を踏まえたソフト対策を整備することである。分散している水源間の連絡・連携体制の整備、水運搬体制の整備、渇水程度に応じた給水制限程度・対象施設の明確化、給水時間・場所に関する迅速な伝達体制の整備等が考えられる。

ハード対策として、海岸に近い地域のペルシャ湾に面した国（サウジアラビア、クウェート、バーレン、アラブ首長国連邦）やシンガポール、オーストラリア等では海水淡水化設備の拡充、ブラジル、インド、中国、エチオピア等ではダムの新設、ダムの浚渫等によるダム貯水量の拡大、近くに水源がない地域のあるリビア、イスラエル、インド等では、遠くからパイプラインによる輸送が行われている。

　また、ため池、貯水槽等にて常時、周辺地域の数ケ月程度の水量を確保しておくことが実施されている。さらに、渇水が進んだ場合の対策として、他地域からの輸送パイプ、雨水貯留槽、下水等の再利用施設等の整備が進められている。

　海水淡水化は、多大なエネルギー投入による温室効果ガス排出量の増大、濃縮海水、膜洗浄による排水の処理による環境汚染が問題となっている。ダムは、有機物が堆積し、底に沈んだ植物の腐敗による温室効果ガスの一つであるメタンガスを発生し、地球温暖化を進行させること問題とされている。長距離パイプライン輸送は、水源の枯渇化を進行させ、水源周辺の地域の人達の生活を脅びやかすとともに、国、地域間の緊張が高まり、争いの火種となっている。

　水資源量の安定確保のため、海水淡水化、ダム、長距離パイプライン輸送等の高度な技術を駆使して対処しようとしているが、これらの技術が生態系に大きな影響を与え、別の側面から環境を悪化している可能性があることを肝に銘じておくべきである。

　渇水時対策として、地域の人々、事業所等に給水量・給水方法・給水場所に関する情報を速やかに伝達することである。さらに、給水制限をする場合は、他地域からの輸送量がどの程度可能かを見定め、いつからどの程度制限するかを速やかに伝達することである。

生命の進化
　人類は、森林から草原に生活の拠点を移すことで二足歩行するようになり、食生活、生活環境の変化に対応するために、腸が短く、脳が大きくなって知能が発達し、手を自由に使って道具を作り・利用し、

言語を操り、文字を使うようになる等の過程を経て進化していった。
　従来、生物の進化は、化石の調査、生物の形態変化等より探っていたが、近年、ゲノム（細胞核にある遺伝子（DNA）情報を持つ一組の染色体）解析により、これらの進化は、食生活、生活環境の変化に対応するために、細胞の中にある特定のゲノムに変異が起こったことに起因することが明らかになってきた。

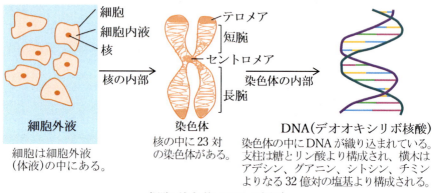

細胞、染色体、DNAの概要

　ゲノム解析により、最近の人類の進化は、次のようなことで起こったことが明らかにされている。
- 感染性の外敵（ウィルス等）に対処するために、免疫機能を変化
- 色の異なる植物等を獲得するために、視覚が発達し、赤、緑、青の三色視ができるようになった。
- 食物よりビタミンCを摂取できるので、ビタミンC合成に必要な遺伝子機能を失った。
- 外界の情報を得る手段として、臭覚よりも視覚に依存するようになり、臭覚遺伝子が退化していった。
- 情報伝達の手段として音声を用いることで、咽頭腔が長くなって音声器官が発達し、周波数の異なる言語を発する機能を獲得した。

　地球の環境（気温、炭酸ガス濃度）は、10万年サイクルで間氷期、氷期を繰り返すことで、過去40万年間で、現在よりも気温が＋4～-8℃変化し、炭酸ガス濃度が180～280ppmの間で変化し、それら

に対応するために生物は進化していった。これらの変化は、太陽エネルギーの変化、地球の公転・自転軌道の変化等により生じたものであるが、近年の地球温暖化は、産業活動活発化による化石エネルギーの増大による炭酸ガス濃度の上昇によることが、2021年のノーベル物理学賞を受賞された米プリンストン大上級研究員の真鍋淑郎氏等によって明らかにされ、過去の自然条件による環境変化とは異なるので、どのような方法で対応し、克服するかについて、人類の英知が試されることになる。

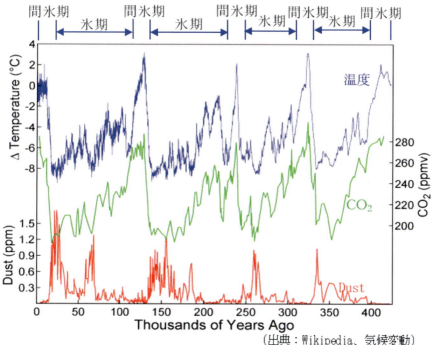

(出典：Wikipedia、気候変動)
過去40万年間の気温、炭酸ガス濃度、ダスト濃度の変化

　炭酸ガス濃度が高くなり、地球温暖化、水の酸性化が進み、良質水、適正環境の確保が難しくなると、生物多様性が崩れる一方、生物の体液や細胞で構成される体内環境が変化して遺伝子変異が起こり、生物の進化に異変が生じ、絶滅種が多くなるとされており、人類の生存にも多大な影響が及ぶので、英知を出して克服策の具体化が望まれる。

5.2 世界の状況

水資源実態の具体例

 生命維持の飲み水、農業用水の確保を困難とする渇水被害は、アフリカ、中近東、アメリカ西部、オーストラリア西部、中国北西部、インド等でたびたび起こっており、人的被害は2000-2017年の平均として約6千万人/年（死者：約1400人/年）、主要穀物（小麦、米、トウモロコシ、大豆）の被害は1983-2009年までの27年間で栽培面積約6億haの3/4が影響を受け、被害総額が約18兆円（約0.7兆円/年）に及んだ。

 渇水は気象予測で事前に知ることができるので、ソフト、ハードの中期的な対策を進めておけば、かなりの対処ができる。

 しかしながら、当時国では、取水制限、水使用方法の教育等は実施するが、一時しのぎであり、当事国の資金不足、先進国の援助不足、国際連携不足等により、インフラ（ダム、貯水・送水設備等）の老朽化・未整備、海水淡水化装置の導入等が進まなく、人口増、都市化・産業化進展、過剰な取水量等が渇水問題に拍車をかけている。

 渇水問題として20世紀最大の環境破壊とされるアラル海の大幅な縮小で農業、漁業、人的被害が起こっている地域、及び渇水で水・食糧不足による飢饉が深刻化し、緊急事態宣言を出し、内戦状態が続き、水インフラの整備が不十分で、食糧自給率が低く、人口が急増（2000年：750万人、2020年：1300万人、2050年：2700万人）しているアフリカの角と呼ばれるアフリカ中南西部の国・ソマリアを取り上げる。

 アラル海は、1960年までは旧ソ連に属し、面積68,000km、貯水量1,090km^{3}で、面積が世界第4位の大湖であった。周辺地域は主に漁場で生計を立て、約140万人が住み、キルギスの天山山脈を源流とするジムダリア川、タジキスタンのパミール高原を源流とするアムダリア川の2つの河川の流量約55万km^3、降雨量約10万km^3、蒸発量約65万km^{3}で水収支はバランスし、塩分濃度約1%を保っていた。

 1960年以降、ソビエト連邦の農業施策として、2つの河川流域で、

綿花、水稲栽培のために灌漑用水路が拡充され始めると、アラル海への水流入量は大幅に減っていき、アラル海が分割され、面積で1/10、貯水量で1/5となった。

2005年に、カザフスタン領の北アラル海出口にコカラル堤防が築かれ、北アラル海から南アラル海への流入がなくなった。その結果、北アラル海では水位が上昇し、塩分濃度が3%より0.8%となる等で、漁獲高が100tより8,000tに回復し、周辺地域の人口が増えていった。

一方、ウズベキスタン領にある南アラル海は、アムダリア川の流入もほとんどなくなり、塩分濃度が約7%に増加し、南アラル海流域では漁業は壊滅的な影響を受ける一方、乾燥化していき、湖底からの塩分、農薬、肥料が飛散し、農作物が育たなくなるとともに、周辺住民は呼吸器疾患を患っている。また、飲料水も問題であり、カルシウムやマグネシウム、ナトリウムを含む飲料水を長期間飲み続けている住民は腎臓疾患を発症し、多くの住民が移住を余儀なくされている。

南アラル海に流入しているアムダリア川は複数の国に及ぶ国際河川であり、各国の利害関係で、南アラル海の復活は見えない。

アラル海に流れ込む2つの河川と河川流域

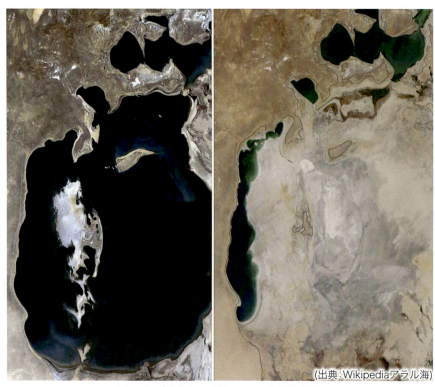

(出典:Wikipediaアラル海)

1989年(左)と2014年のアラル海の様相

ソマリアはかって6つの氏族に分かれ、それぞれの氏族が帰属意識をもって暮らしていたが、1940年代に一部がイギリス、イタリア領となり、1960年にイギリス、イタリアから独立したが、氏族間の争いが勃発し、国が3つに分割され、内戦状態が続いている。紛争に加え、年間降雨量が内陸部で50mm程度、海岸部で300-500mmと少なく、水不足でわずかな農作物し

ソマリアの位置

か育たない不毛地帯が多く、干ばつのみならずエルニーニョ現象などによる洪水が繰り返される厳しい環境の中に人々の生活は強いられ、ジブチ、エチオピア、ケニア等の周辺国、及び首都モガディシュ等の都市部に多くの人々が避難を余儀なくされている状況が続いている。

　2011年の大干ばつとそれに続く飢饉の発生は人口900万人のうち400万人が緊急支援を必要とする状況を生み出した。現在も約300万人の人々が飢餓に直面している一方、海岸線沿いに横行する海賊の存在により世界の中でも支援が困難な地域の一つになっている。しかし、2012.9月に民主的な選挙によりモハムド氏が大統領と選出され、新たな連邦国家として歩み始めようとしている。

　多くのソマリア人が紛争や干ばつから国外へ逃れる一方、130万人以上の人々が未だ国内避難民となり、都市周辺に居住区を形成し、劣悪な環境で暮らしている。内戦継続等により水等の公共インフラは乏しく、避難してきた人々は水や食糧、衣服、医療、そしてトイレ等の衛生施設でさえも国連機関やNGOが提供する支援に頼っている。

　内戦の影響で都市部でさえ水道施設が整っていないため、国内避難民は居住地域内に掘られた浅井戸か、少し離れた井戸よりトラックによって運ばれた水を利用している。しかし、人々が密集している居住地域ではトイレと井戸が間近に建設されており、多くの井戸の水が汚染されている。そして、下痢、コレラの発生が多数報告され、特に子どもたちは元々の低栄養状態であり、多くの幼い命が失われている。

　ソマリアの飢饉をなくするには、まず内戦を鎮めることであり、つぎに人口増に対応した安全な水の確保のためのインフラの整備（深井戸による給水施設、雨水貯槽施設、パイプライン、海水淡水化装置等の設置）、さらにインフラ整備により、国内のバナナを主とする農業、ラクダ、羊、ヤギ等の畜産業等の産業の発展であると考える。

人の遺伝子変異

　現代人は、肌や眼の色、体格等が違う人種が存在する一方、高地、極寒地、酷暑地帯等で生活する多くの人種が存在している。人種によ

る特徴の違いは、水、食物、気候等の環境が異なることで、体内環境を司るゲノム（細胞核にある遺伝子（DNA）情報を持つ一組の染色体）に変異が起こったためとされ、水質や環境がより悪化すれば、生物多様性等に多大な影響を及ぼし、ゲノムの突然変異で進化が止まり、多くの生物が絶滅への道を歩むことが危惧されている。

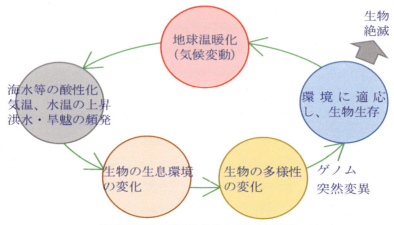

地球温暖化が環境・生物に及ぼす影響

現在、次のような遺伝子変異が起こり、環境対応ができている。
- 高地に住むチベット族は、遺伝子変異により、赤血球生産機能を調節し、酸素の薄い土地に適応。
- 熱帯に住む人種は、太陽の紫外線から皮膚を守るために、皮膚のメラニン色素を増やし、汗腺を発達させて発汗機能を強化。
- 酸素濃度が薄く、暑い高地に住む牧畜生活を送る人種は、遺伝子変異により、心肺機能が発達し、細身で背が高く、筋肉が発達。
- 弱い日射条件下の人種は、吸気を温めるために鼻を高くし、ビタミンD合成機能を強化するために、皮膚のメラニン色素を減少。

地球温暖化等によって起こる水環境、生活環境の変化等に対応するために、生物はどのように進化していくのかについて、過去の環境変化による生物への影響を考えると限界があり、限界を超えると生物多様性が崩れ、絶滅する種が増え、人類の生存にも多大な影響が及ぶとされている。

5.3 日本の状況

良質な水資源の確保

日本において、渇水被害は度々あり、1939年の琵琶湖渇水、1964年の東京オリンピック渇水、1973年の高松渇水、1978年の福岡渇水、1987年の首都圏渇水、1994年の列島渇水等である。

1994年の列島渇水は、以前の渇水事例の教訓が生かされず、貯留量、降雨予測が不十分で、適切な事前対策が取られなかったことによる。

少なくとも冬期に雪が少なく、春季に降雨が少なかったので、早期に節水対策を進めておれば、6ケ月に及び給水制限をせず、約1660万人に被害を与えず、農作物被害1600億円を少なくできたと考える。

渇水対策として、内陸ではダムの運用、離島では海底、橋に敷設したパイプライン輸送、海水淡水化装置で対応しているところが多い。

淡路島では神戸市の神出浄水場より明石海峡大橋に敷設された直径45cmのスパイプラインを通じて水道水の供給を受けている。

姫路市家島町では、大きな河川、ため池がないため、雨水、井戸水を利用していたが、人口増、産業の進展等で足らなくなり、簡易水道の敷設や320m³積載できる船を定期的に運航し、さらに海水淡水化装置を導入して対処したが、良質水の安定供給できない状態が続いた。そこで、赤穂市の水源である千種川の水が清浄で、十分な水量があること、

(出典：Wikipedia 明石海峡大橋)
明石海峡大橋に敷設された送水管

海底の起伏が少ないこと等により、赤穂市と家島町は海底送水管による輸送の協定を結び、1984 年に赤穂市送水ポンプ場と家島町の家島配水池をポリエチレン樹脂で被覆した直径 30cm、厚さ 14.3mm の鋼管を用い、長さ 13.862km の日本一長い海底送水管で連結し、さらに、家島より男鹿島、坊勢島、西島にも海底送水管で連結し、水道水の送水を行っているが、送水管、ポンプの劣化等があるので、継続的な維持管理が課題となっている。

赤穂市と姫路市家島町の水道水の海底送水管

また、渇水対策として、水道水用の海水淡水化装置が、瀬戸内海、沖縄の島々では多く設置されている。また、緊急用として、可搬式の海水淡水化装置の導入している自治体もある。水道水用の装置は、数十〜数百 m^3/日と小規模のものが多いが、4 万 m^3/日（沖縄県）、5 万 m^3/日（福岡県）の造水能力を有する大規模のものも供用されている。

また、海の近くに設置されている発電所では、ボイラ水用の淡水不足を補うために海水淡水化装置が多く導入されている。

2010 年時点で、次頁に示すように約 70 基余りの海水淡水化装置が設置され、約 21.5 万 m^3/日の造水能力を有している。

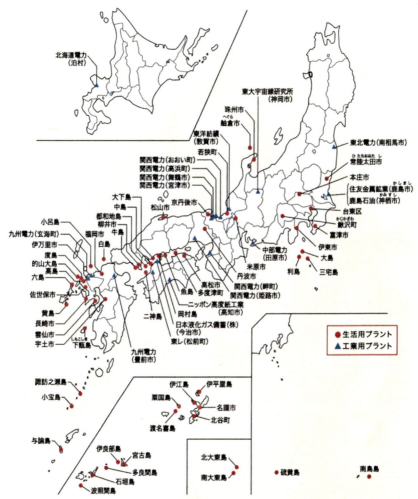

2010年3月時点における海水淡水化装置の設置状況

　福岡市では、1978年の渇水後、1994年にも渇水で295日給水制限を行ったことで、複数河川からの取水強化、一級河川・筑後川に大堰の設置、多々良川水系にダムの新設等を行った。さらに海岸域に日本で最大規模（5万m³/日の淡水製造）の逆浸透膜法による海水淡水化装置を2005年、福岡市東区奈多地区に完成させた。

海水淡水化装置は、建築面積16,000m²（100×160m）、延床面積21,000m²で、コロイド、ウィルス等の除去のための限外ろ過膜（UF）ユニット（255本×12ユニット）、塩分等を除去するための高圧逆浸透膜（RO）膜ユニット（400本×5ユニット）、ホウ素を除去するための低圧逆浸透膜ユニット（200本×5ユニット）、およびポンプ、水槽、薬注装置（硫酸、水酸化ナトリウム、水酸化カルシウム、次亜塩素酸ナトリウム）等の補機より構成される。

(出典：協和機電工のHP)

福岡市の海水淡水化装置(右側は高圧逆浸透膜ユニット)

海水にはホウ素が4-5mg/L含まれており、水道水基準の1mg/L未満とする必要があり、ポリアミド製限外濾過膜を用いて対応している。また、濃縮海水（7-8％の塩分濃度、53,000m³/日）は浄化した下水と混合して海域に放流している。さらに、淡水は浄化した河川水と混合してミネラル分等を調整し、水道水として近隣に供給している。

2020年の東京オリンピック・パラリンピック競技大会では、1964年の東京オリンピック渇水の二の舞とならないように、渇水対策として、次表に示すフェーズ1～5の対策をとることが決められた。大会は1年遅れで実施され、水不足が起こらなかったのは不幸中の幸いである。

フォーズ1対策の八ッ場ダムは2020年の春に完成したが、次のことで、十分な機能をするのか疑問である。

・洪水防止対策

2019年10月の台風19号により、八ッ場ダムには空状態より7500万m^{3}が貯まり、有効貯水量9000万m^{3}近くとなった。ダム完成後は、洪水期（7/1～10/5）には500万m^{3}貯水できる容量を開けておく運用であるので、ダム完成後に台風19号並みの台風が来襲すれば、満杯を超えるので、緊急放流をすることになり、下流地域で水害発生リスクが高くなる。

東京オリンピック・パラリンピックの渇水対策

フェーズ	水源の状況	実施する主な対策
1	―	大会前に ・ダムの水を温存 ・八ッ場ダムが完成
2	水不足を予見	・日本水道協会と連携し、給水支援 ・人工降雨装置を稼働
3	水不足	・節水の広報、協力要請 ・水道水の減圧給水の準備、実施 ・農業用水で順番を決め配水
4	深刻な水不足	・噴水等の自粛、中止要請
5	危機的な水不足	・東京電力に発電水活用を要請

(出典:Wikipedia 八ッ場ダム)

八ッ場ダムの外観
(堤高:116m, 堤頂長:290.8m, 有効貯水容量:9000万m3)

・渇水防止対策

　利根川水系の8つのダム貯水容量は46,163万m^3であり、ダム完成後の1994年渇水期に30％の取水制限がされ、1996年の渇水期に30％の取水制限がされた。八ッ場ダムの渇水期の利水量（空き容量）は2,500万m^3であり、8つの貯水容量の5.4％と少なく、八ッ場ダム完成しても渇水対策として十分機能しない可能性が高い。

　なお、利根川支流の吾妻川に完成した八ッ場ダムは、硫黄の山・草津白根山から流出する酸性水（pH:2-3）と環境基準を超えるヒ素の問題等で、建設が進まなかったが、吾妻川の上流の湯川、谷沢川、大沢川に石灰石スラリを投入する中和工場が建設され、3つの河川が合流する地点に中和反応で生成した石膏、および土砂を沈殿させる品木ダムができたことで、中和後の河川水のpHが5-6、ヒ素が環境基準（0.01mh/L未満）となったこと等で、建設されることになった。

利根川水系の8つのダム位置

1年遅れの2021年に実施された東京オリンピック・パラリンピック競技大会は、渇水とならず、新型コロナ感染が治まらない中で実施されたが、東京オリンピック・パラリンピック競技大会対応の洪水・渇水対策である利根川水系の八ッ場ダムを含めた9つのダム運用、その他の対策を今後に生かしてほしいと切に臨む。

　通常、都市部の治水対策として、大雨期は地上の遊水地、地下貯留槽に水を貯め、大雨が治まれば、河川に放流し、渇水期は河川等からの取水制限を行い、節水強化を行っている。

　しかしながら、欧米等で実施されている雨水ASR（Aquifer Storage and Recovery　帯水層貯水回収）システム、すなわち大雨期の余剰水を地下帯水層に貯留し、渇水期の不足水を帯水層から汲み上げて利用するシステムは実施されていない。現実的な大雨期と渇水期が連動したシステムは、道路、駐車場等の透水化であるが、それらの下部の地層状況によっては適用できないので、一旦それらの傍の排水溝に送り、水路で帯水層に送るシステム等の検討をしてはと考える。

水質の変動対応

　日本は海に囲まれ、国土面積の67％が森林であるので、地球温暖化で炭酸ガス濃度が高まると、降雨の酸性化、河川、海洋の酸性化の進行により、森林環境、農地等の土壌環境、河川環境、海洋環境が変化し、生物生存に多大な影響が考えられる。

　降雨の酸性化が進行すると、森林、土壌からの溶解成分量が増加し、河川等からの採取水の水質、pHが低下し、有害物質の濃度が高まる。その結果、良質水確保のために、水処理施設の負荷が上がる。当面、人間にとって衛生的な必要量の水確保は、水処理施設のシステムを変え、処理条件を変えることで対応可能であるが、処理コストがアップし、安定的な維持管理が難しくなる。

　また、降雨の酸性化により、森林・土壌・河川・海洋環境が破壊され、水生生物、植物等の生息が困難化し、生物多様性が崩れていき、生物の進化が止まり、滅亡へと進む種が多くなることが危惧されてい

る。人類等の生物の生存・進化のために英知を結集し、炭酸ガス濃度の上昇を食い止めることが必須である。

日本人の進化

　日本人は、東南アジアから移住してきた縄文人と、北東アジアから移民してきた弥生人が交わり、食生活、環境等が変化することで遺伝子変異が起こり、骨格、顔、体質等が変化し、病原菌等から生体を守るための新たな免疫システムを獲得しながら進化していったとされる。これは、時代とともに進み、次に示すことが明らかになっている。

・生活環境、食生活の変化等により、日本等の東アジア人は、欧米人と比べて、アルコールに弱い体質になっている。

　アルコールは、体内で有害なアセトアルデヒドに分解され、さらに無害な酢酸に分解される。アセトアルデヒドが残ると、体内に入った微生物を攻撃し、感染症を予防する効果がある。農耕生活による稲等の作物に多く付着していた微生物による感染症を予防するために、アルコールに弱い体質に進化したとされる。

・頭示数（頭幅 / 頭長× 100）は、14 世紀頃まで小さくなり、それ以後大きくなって、頭が丸くなっている。これは、食生活等の変化に伴い、咀嚼器官が退化していったことによるとされている。

・弥生人が持ち込んだ免疫システムや農耕文化の発達で栄養状態がよくなることで、縄文人系の比率が減少していき、目鼻が目立ち、眉や髭が濃い彫の深い丸顔で、目が細く、眉や髭や薄くのっぺりとした細長い顔で、細身の背の高い体に進化していった。

　約 700 万年前に誕生した人類は、約 30 万年前に現生人と同様な遺伝子を有するホモサピエンスとなり、遺伝子変異を起こしながら、幾多の食生活、環境変化に対応して生存してきた。

　今後、地球温度化に伴う環境変化に対応して、日本人が存続していくためには、遺伝子変異を起こし、免疫システムを進化させながら、外界から迫る地球温暖化によって誘引される事象に対して、世界の人々と協力し合いながら英知を結集して取り組むことが求められる。

6. 生活の維持・発展

加古川堰手前の高砂市上水道取水口

6.1 概要

　生活の維持・発展のため、水は、ほとんどが河川等の表流水、地下水、ダム等の貯留池より取水され、常温常圧の液体状態の水としての利用が最も多い。

　常温常圧の水は農業、工業、生活用水等として利用され、各々の割合は国によって異なるが、世界全体で利用量約48,000億m³/年の内、農業用水が約65%、工業用水が約25%、生活用水が約10%である。

　日本では利用量約864億m³/年の内、農業用水が約63%、工業用水が約13%、生活用水が約17%、その他(養魚用水等)が約7%である。

　常温常圧の水以外の利用は、洗浄に用いられる常温高圧の水、温水ボイラーに用いられる高温常圧の水等がある。また、火力、原子力発電は高温ガスで水を高圧水蒸気とし、タービンを回して発電する。

　複数の国、地域にまたがって取水される河川は、利水・治水関係でたびたび争いが起こっている。また、河川等の水質はまちまちであるので、安全な水、高度利用するには浄化処理を要する。

6.2 水利権

(1) 世界の状況

　地球全体での水資源は十分あるが、地域による格差があり、特に近年、国をまたいだ国際河川で水資源を巡る争いが激化している。

　国際河川は約260本あり、国際河川流域は、面積が南極を除いた全陸地面積の約45%を占め、世界人口の約40%が暮らしている。代表的な国際河川において、ドナウ川が13ケ国、ナイル川が10ケ国、ニジェール川が8ケ国、アマゾン川が7ケ国、メコン川が6ケ国、ガンジス川が5ケ国、チグリス・ユーフラテス川が6ケ国を横切ったり、国境に沿って

流れており、国家間の争いに発展している。代表例としてナイル川、ガンジス川、メコン川の流域の水利権争いを見ることにする。

ナイル川は、エチオピアのタナ湖を源流とする青ナイル川（長さ1,450km）とビクトリア湖を源流とする白ナイル川（長さ3,700km）がスーダンで合流する。合流後、ナイル川（長さ3100km）となり、地中海に注ぐ。その結果、ナイル流域の国は、エジプト、スーダン、エリトリア、エチオピア、ウガンダ、ケニア、コンゴ、ルワンダ、ブルンジ、タ10ケ国に渡っている。白ナイル川流域のケニア、ウガンダ、タンザニア、ルワンダ、ブルジン、及びエチオピアは、2011-2011年にエンテベ協定（ナイル川流域国の水の安全保障に重大な影響がない限り、ナイル川に関するあらゆる活動を認める）を結んだが、協定に参加していないエジプト、スーダンは何の価値も影響力もないとして無視している。

水利権争いは、ナイル川の水量の約70％を占める青ナイル川流域で2011年より建設が始まり2022年完成予定のア

国際河川・ナイル川流域の国

フリカ最大規模で日本最大の奥只見水力発電所の約10倍の発電規模であるエチオピアン・ルネサンス・ダム（堰高155m、堰頂長1,800m、総貯水量740億m^3、総発電量645万kW）建設に伴い、エジプト、エチオピア、スーダンで激化している。

ナイル川に水に97％を依存するエジプトは、生活用水、農業用水等の確保、人口増、経済発展が進むエチオピア、スーダンは電力量の確保が主目的である。

国際河川・ガンジス川流域の国

　ガンジス川は流域が中国、ネパール、バングラデッシュ、ブータン、インドの五ケ国にまたがる国際河川で、全長 2,506km、流域面積 84 万 km^2 で、約 80％以上をインドが占めている。

　ガンジス川は、インドにとって聖なる川として崇められ、上下水道、灌漑等以外にも、林浴、洗濯等の生活の場としても利用されている。

　ガンジス川流域の大部分がインドにあり、かつインドの国力・経済力等により、他の国に対する強い発言力を有し、ガンジス川の水利権をかなり有利に展開している。

・インドは、ネパールからガンジス川に流れる支流のインド側国境付近に堰、発電所をつくり、ネパールの支流からの取水量をインドの約 1/30 以下とする覚書を締結した。

・インドは、フーグリ川の水量を増やし、船運を容易にするために、ガンジス川との分岐付近にファラッカ堰建設計画を 1951 年に計画し、1971 年に完成させた。

・インド、バングラデッシュ間で何回も協議を重ね、乾季（1-5 月）におけるガンジス川の取水量に関するガンジス川条約を 1996 年

に30年期限付きで次の内容で締結した。

　2000m³/秒未満　両国が折半とする。
　2000-2100m³/秒　バングラデッシュが1000m³/秒、残りがインド
　2100m³/秒以上　インドが1100m³/秒、残りがバングラデッシュ
なお、ファラッカ堰設置以後、雨季において、ファラッカ堰放流に伴い、バングラデッシュではたびたび洪水被害が起こっており、ファラッカ堰の運用方法について現在協議中である。

　メコン川は、チベット高原を源流とし、中国、ミャンマー、ラオス、タイ、カンボジア、ベトナムの6ケ国を通って南シナ海に注ぐ約4,350kmの大河で、流域では発電、農業、漁業等の依存度が高く、約7,000万人が居住している。

メコン川流域の国

　メコン川の上流域の中国、ラオスに、近年、人口増によるエネルギー需要増に対応するために水力発電を付与したダムが建設され、予告なしに放流されたり、貯水されたりで、下流域では水害、農業、漁業、水上交通等に被害が起こっている。

　1995年に、タイ、ラオス、カンボジア、ベトナムの4ケ国は、お互いの水利用に関する利害調整のために「メコン川委員会」（中国、ミャンマーはオブザーバー）を設立した。しかしながら、メコン川委員会の内部でも温度差があるとともに、中国のマイペースの対応で、紛争は継続している。

(2) 日本の状況

　日本では、米を税として納めるようになった飛鳥時代頃より、水利権を巡る争いが活発化し、「養老律令」（718 年）では争いを収めるために、次のような記述がある。

・水が欲しい人は先に取水していた人の下流から取ること。
・水車を使って水を揚げる人は過去に水を使っていた人全員の同意を取ること。

　近代以前の世間の一番の問題は水問題であり、河川に堰や分水路を設け、灌漑用水を確保する事業が進む過程で、河川の上流地域と下流地域とでは通常時・異常渇水時の農業用水の配分や新田開発に当たっての水源確保をめぐる争いがたびたび起こっていた。

　異常渇水時の争いの事例として、尼崎市に残る中世の三平伝説を次に示す。（猪名川の分流・藻川に三平伝説に纏わる三平井樋門がある）

　1575 年（天正 3）5 月頃、摂津平野一帯はひどい水飢饉であった。農民たちは雨乞いをして雨を待つ一方、代表を摂津国領主・荒木村重のもとに送り、猪名川から水を引きたいと何度も願い出たが、許可されず、農民は困窮した。この窮状を見かねて、庄屋の息子三平は、猪名川の堤防（尼崎・伊丹の境、桑津橋の下流）を破り、用意していた四斗ダルの底を抜いて連結した管に水を引き入れ、水路に導いた。農民達が喜ぶ声を聞きながら、三平は水路のほとりで自害した。

　現在、日本の水利権は、慣行水利権（法規制以前の江戸・明治時代より反復して水を利用）、1964 年制定の河川法による許可水利権（河川の流れを占有しょうとする者は、河川管理者の許可を受けなければならない）があり、件数で慣行が約 80％を占めるが、灌漑用水事業が落ち着いたこと、農業の衰退もあって、水利権を巡る争いはあまり起こっていない。河川流域の住民の関心は、渇水、洪水が起こらないような治水対策をしっかり行ってほしいことに移行している。特にダム建設において、移転住民に対する補償、環境保全、水質保全等より、争いが継続しており、ダム主体による治水よりも、河道面積の拡大、地上／地下調整池、高堤防を築く等に重点が移行している。

6.3 潤す水（常温常圧状態の水）

6.3.1 農業用水

世界の灌漑用水

人類の水利用は、メソポタミア文明の初期、紀元前4,000年頃、シュメール人によってチグリス・ユーフラテス川流域で灌漑に用いられたことによるとされる。シュメール人によって灌漑農業が成立し、集落が増大していき、都市が形成された。しかしながら、紀元前2,800年頃より、降雨量が減少し、農地の乾燥化が進行し、塩分に弱い小麦から塩分に強い大麦に変えていったが、生育がよくないのは水不足によるとし、散水 - 排水による水の置換対策を取らず、灌漑農業をますます進めたことで、農地に塩分蓄積が進行していった。また、河川の上流域で森林伐採を行っており、土壌が河川に流れ、河川の塩分濃度が高まり、大麦の収穫量が大幅に減少し、人々は飢餓状態に陥るとともに、食料を巡って争いが多発してシュメール文明は衰退していき、紀元前2,004年に東方のエラム人の侵攻により滅亡した。

人類の水利用の拡大は、チグリス・ユーフラテス川（メソポタミア文明）、ナイル川（エジプト文明）、インダス川（インダス文明）、黄河（黄河文明）の流域に発祥した古代四大文明（紀元前3,000年前後）を起源とする。河川の水を利用して独自の灌漑方法や作物栽培技術で農耕を発達させ、食料の安定供給を可能とし、人口が増え、都市国家や王朝等を誕生させた。

灌漑水路は、地上が主体であったが、乾燥地域のペルシャ帝国で、紀元前800年頃蒸発を防ぐ目的で地下に造られ、飲料水や作物生産に用いられ、現在も使用されている。

現在、イランの地下水路システムはカナートと呼ばれ、イラン高原地下の帯水層に届く深さ20-30mの母井戸を掘り、30-100m間隔で竪坑を掘り、各坑底を数km～数十kmのトンネルで結んで集落、農地に

導水する。竪坑からは空気が取り入れられ、トンネルはメンテナンスのために人が通れるようになっている。2016.7月にトルコ・イスタンブルで開催された第40回世界遺産委員会で世界遺産に登録された。

　カナートのような地下の灌漑水路は、乾燥地帯である北アフリカ(モロッコ、ナイジェリア等)、アジア西部(オマーン、アフガニスタン、パキスタン、新疆等)に普及しており、乾燥地域における水供給システムとして地域の生活に大いに貢献している。

(出典:Wikipedia,カナート)
カナートの地下水路

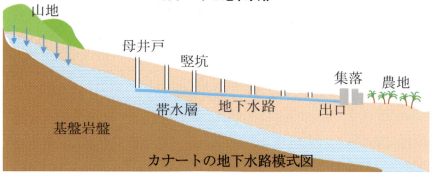

カナートの地下水路模式図

　現在、世界全体の農地面積約15億haの内、約20%に相当する約3億haが灌漑農地で、灌漑農地より農作物の約40%が生産されている。

　灌漑農地で問題になっているのは、塩害・湛水害(ウォーターロギング 過剰な灌漑で農地が過湿状態)と水源の枯渇化である。灌漑農地では、約1/5で農作物の収穫量が減少している。気候変動、人口増等に対応するために、農地の水対策が重要となっている。

96

農地の収穫量減少は、灌漑大国であるインド、中国、アメリカ、パキスタン、中央アジア、北アフリカ等で特に進行しており、シュメール文明の二の舞とならないように知恵を絞った対策が必要とされる。

　アメリカの中部にある地下数m～160mにある世界最大級のオガララ帯水層（面積：45万m^2（日本国土面積の1.2倍））等ではセンターポビット方式（半径が約400-1000mの中心よりポンプで地下水を汲み上げ、自走式スプリンクラーで1回/1-3日で散水する方式）で灌漑をしており、降雨量の数倍の散水をしているため、地下水の枯渇化が問題化しており、散水量が少ないマイクロ点滴灌漑方式（農地に張り巡らしたチューブにポンプで水を流し、チューブに開けられた穴より、農作物の根付近に水を直接滴下する方式）に移行しつつある。

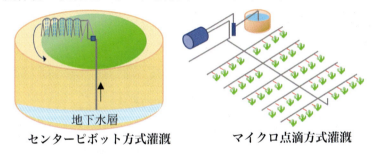

センターピボット方式灌漑　　マイクロ点滴方式灌漑

　パキスタン等では河川より用水路を通じて農地に灌漑しており、農地の排水性が悪かったり、用水路からの漏水、過剰な灌漑により、農地の塩害・湛水害が進行しており、暗渠の設置等による農地の排水機能の向上、用水路の整備（漏水の減少等）の対策が進行している。

　農地の農作物収穫量減少は、地球規模で起こっている降雨量の不均一化がかなり影響している。地球温暖化により、海域、陸域からの蒸発量が増加するので、降雨量も増加すると考えられるが、気象庁資料では、次図のように陸域における世界全体での年間降水量は周期的に変化し、明確に増加している傾向は認められない。海域も含めると世界全体の降水量は増加しているとの研究もある。しかしながら、豪雨、渇水の局地的な顕在化が拡大し、それらによる被害が増している。

　降雨量の不均一化の拡大は、地球温暖化による気温上昇のみならず、

地熱の変化、プレートテクトニクスによる変動、海水の温度・塩分濃度の変化、海水・大気の対流の変化、森林状態等が複雑に関係していると考えられるので、人知ですぐに解明するのは難しいので、人知で可能な対策をまず講じることが大切と考える。

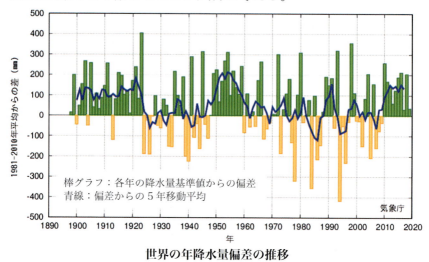

世界の年降水量偏差の推移

　農地より安定的な収穫量を確保するために、渇水対策として、灌漑を主とし、それ以外に、ダム、貯水池の設置、森林の涵養機能の強化、経済的な海水淡水化装置の開発等が考えられる。

日本の灌漑用水

　日本における灌漑は飛鳥時代頃より行われており、江戸時代以後に発展し、近代になると、取水堰（頭首工）、ため池等の貯留施設、隧道、サイフォン、円筒分水等の土木技術の進展により、灌漑用水の安定確保のために多くの疏水（用水路を設けて通水すること）工事が推進され、現在、約11.4万ケ所、総延長40万kmの疏水網が整備されている。頭首工は、設置後相当経っているものが多く、2022.5.15の明治用水頭首工のように漏水事故が起こり、農業等に甚大な影響を及ぼすことがあるので、怠りない点検・整備が必要である。

　疏水の水源は主に河川であり、堰を設けて水を取り込み、渇水対応

としてため池等に一時貯留し、水路を用いて何十km離れた農地まで水を届ける。疏水施設は、田植え時に疏水より水車で田んぼに水が引き込まれる情景、疏水に鯉等の魚が泳ぐ情景、疏水沿いに花が彩られる情景等により、農村の風景を特徴づけ、心に安らぎを与えてくれる。

疏水の一部は、疏水百選（農林水産省が選定）、近代化産業遺産（経済産業省が認定）に選定されているが、それらにおいても、地域の過疎化、高齢化の進行、農業の衰退等により、継続的な整備がされず、農業用水路としての機能が失われ、農村風景も殺伐としている。

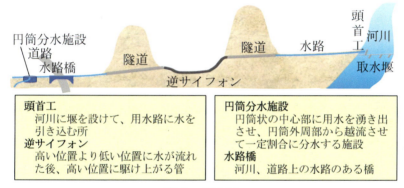

疏水の概念図

渇水時ばかりか豪雨時にも農作物が生育の影響を受けないように、森林の涵養機能を強化する、河川の深さ・幅を拡大する、堤防を高くする、分水路を設置する、ダム、遊水地・貯留槽を設置する、農地の排水機能を強化する等による水害防止策が推進されている。

日本では、農地面積約450万haの内、灌漑農地が約35％であるが、降雨量が年間約1720mmと多いためか、灌漑等による農地の塩害、水資源の枯渇化等は起こっていない。農地で問題となっているのは、東日本大震災のように津波により海水が浸水した地域である。塩害対策として、除塩することであり、農地の下に暗渠を設置し、灌水して排水を促進させることや、石灰質資材（石灰、石膏等）を農地に散布して混合し、農地に灌水し、NaをCaと置換させ、NaClを排水に移行させて、暗渠等を通じて流すこと等が具体的に進められている。

日本の仮想水

日本で特に留意すべきことは、カロリーベース食料自給率が38％と低いことである。

すなわち、食料生産のためには多量の水が必要であるが、食料輸入にはその食料生産のために必要な水（仮想水）を海外に依存していることである。

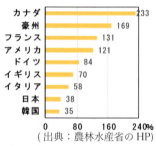

各国の食料自給率(2019年)

仮想水は、産物1kgで米約3.7t、小麦約2.0t、牛肉約20.6t、豚肉約5.9 t 、じゃがいも約0.2t、オレンジ約0.6t等であり、食料輸入量5,600万t/年での仮想水量は約800億m^3/年となり、食料自給率100％とすれば、国内水総使用量862億m^3/年から1,662億m^3/年に増大するが、水資源賦存量の約40％で、水資源量が食料増産を妨げないと考える。

世界の潮流として、人口増、地球温暖化の進行、紛争の激化等があり、食料需給事情は悪化していくと考えられる。日本では、仮想水量に対応できる水は十分あるが、農地面積の減少、農業就業者の減少等により、国内で迅速に食料増産するのは容易でなく、今から国策として新たな農地の確保、品種改良、および農業就業者の増加等の具体的な対応策による生産量の拡大を真剣に考えておく必要がある。

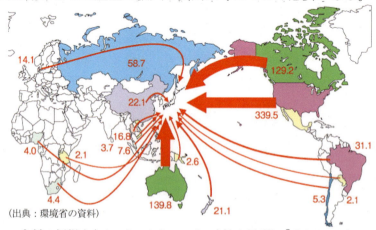

食料の仮想水(バーチャルウォーター)輸入量(億m^3/年)(2005年)

6.3.2 工業用水

原油生産における水利用

工業用水は、海水と淡水が使用される。世界全体の工業用水量は約11,000億 m^3/年であるが、用途、回収技術等の詳細は不明である。

日本と特段変わる産油国経済の生命線である原油生産において、海水、淡水（水蒸気）が多く使用されており、それを紹介する。

原油（天然ガスを含む）を油層より回収する場合、まず一次回収を行い、原油状態悪化すると二次回収、三次回収を行って回収率を高めている。

油層の圧力が高くて油の粘度が低い場合、原油は圧力で自ら噴出するが、油層の圧力が低い状態ではポンプによって原油を汲み上げており、これを一次回収という。一次回収では、貯まっている原油の20％内外回収できる。なお、油層と地下水層が隣接してる場合、地下水が相当混じった原油が汲み上げられるので、水と重油を分離後、水に含まれている不純物除去を行わないと、処理水の海洋等への投入ができなく、水処理にかなりの負荷がかかる。

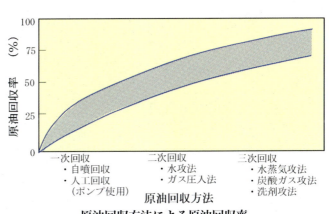

原油回収方法による原油回収率

一次回収できなくなると天然ガスを注入したり（ガス圧入法）、水を注入したり（水攻法）して油層の圧力を高めて原油を汲み上げており、これを二次回収という。水攻法は、原油回収で最も広く適用されている生産技術で、海水が用いられることが多い。汲み上げられた原油は、油、水、ガスを分離後、精製処理され、水は海洋等に投入され

る。一次＋二次回収で、貯まっている原油の50％内外回収できる。

　二次回収できなくなると原油の粘度を下げるために水蒸気、炭酸ガス、溶剤液を注入し、三次回収で原油を取り出している。一次＋二次＋三次回収で、貯まっている原油の60-85％回収できる。炭酸ガス法は、注入した炭酸ガスの一部が地層に固定できるので、発電所等から排出される炭酸ガスの固定法として注目されている。

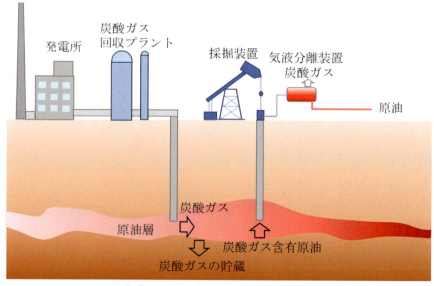

炭酸ガス圧入法による原油回収方法

　三次回収できない原油は、硬度、粘度が非常に高く、経済的な回収技術の開発が望まれている。

　石油生産法の具体例を示す。

　世界の主要な原油産油国は、アメリカ、ロシア、サウジアラビア、イラク等であるが、油田層が深くなる等に伴い、原油粘度が高くなり、多量の海水を注入して油田層圧力を高め、原油の粘度を下げて産出しやすくしたり、アメリカのオイルシェール、カナダのオイルサンド等のように、浅い油田層からは採掘後、450℃内外で乾留処理で原油を取り出す。深い油田層からの原油産出には高温高圧の水蒸気を油層に吹き込んで、固体状の原油を流動化させて取り出しているが、シェー

ル（頁岩）、サンドの処理、排水の処理等に課題を有している。

世界最大の油田であるサウジアラビアのガワール油田では、700万バーレル/日の海水を油田に注入して産出圧力を高め、30-50%海水が混ざった混合油を分離して、原油450万バーレル/日を生産しているが、排水の処理等に課題を有している。

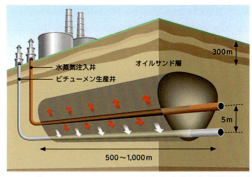

カナダでのオイルシェールからの原油生産概念図

原油生産で主に水攻法、水蒸気法等が用いられていることより、原油生産で用いられている水量は相当量になると考えられる。

現在の原油生産量は350億バーレル/年（55億m³/年）であり、原油生産のために生産量の2倍の水が使用されているとすると、約110億m³/年の水が使用されていることになり、世界の工業用水使用量の約1%に相当することになる。

日本の工業用水

日本において、工業用水の内、河川、湖沼、地下水より取水された淡水が約70%を占める。海水は冷却用に約95%、残りが原料用、冷却用、温度調整用等に使用されている。淡水は、冷却用、製品の処理・洗浄用、温度調節用、ボイラー用、原料用（コンクリートの水、飲物等）等として約450億m³/年使用され、冷却用が約70%、製品の処理・洗浄用が約20%を占める。

工業用水の使用量は1965年から2000年までの間に約3倍に増加したが、回収利用が進んだため、新たな河川等からの取水量は1973年をピークに減少し、現在、回収率が約75%で、新規に取水される淡水は約115億m³/年である。人・日当たりの取水量は約250L/人・日であり、工業の発達していない開発途上国よりも多いが、欧米先進

国の 1/3 〜 1/6 と少なく、回収率が高いことによる。

　使用水の回収は、浄化処理がほとんどいらない冷却水で進展しているためで、汚濁した処理・洗浄水の回収は、新規に購入するよりも高くなるのであまり進んでいない。

　取水した地下水は、通常、粗い土砂、有害物を含んでいないので、膜濾過後に工場に供給されている。

　取水した河川、湖沼の水は、下図に示すように粗い土砂、木くず等を沈砂槽で除去し、微細なコロイド粒子をPAC（ポリ塩化アルミニウム）等の凝集剤でフロックとして沈殿させ、貯留を経て工場に供給されている。

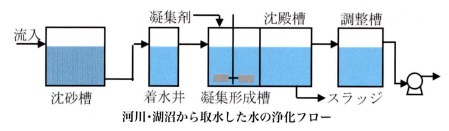

河川・湖沼から取水した水の浄化フロー

　使用後の汚濁水は、汚濁の状況により異なるが、有害物を含んでいる場合は、下図に示すように粗粒物をスクリーンで除去後、曝気して有機物質の分解を行い、微細なコロイド粒子を凝集剤でフロックとして膜分離機で固液分離し、pH調整、貯留を経て、一部が再度工場に供給され、残りの大部分が下水道に放流される。スラッジは脱水処理を経て、一部は土壌改良材等に利用され、大部分が埋立処分される。

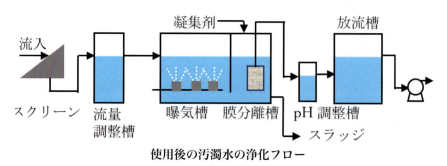

使用後の汚濁水の浄化フロー

海水の淡水化

　年間降雨量が100mm未満の中東、北アフリカ等では、河川、湖沼、地下から必要な水を採取できないので、海水淡水化装置によって淡水を製造し、工業用水、生活用水に利用している。

　世界全体の海水淡水化装置は、世界各国で、約2万台設置されており、特に、ペルシャ湾西側のサウジアラビア、アラブ首長国連邦、クウェート、カタールの4国で世界全体の約55％の淡水量が製造されている。世界で、約90億 m^3/年の海水が処理されて淡水約35億 m^3/年が製造され、濃縮海水約55億 m^3/年海域に投入されている。

　サウジアラビアを例にとり、水資源状況を見ることにする。現状の淡水の水収支（2020年）を次に示す。

サウジアラビアにおける淡水の水収支

深層地下水取水量	14.9km^3/年 (63％)	
河川、浅層地下水量	6.1km^3/年 (25％)	
排水の再利用量	1.1km^3/年 (5％)	
海水淡水化施設による淡水量	1.6km^3/年 (7％)	
総　計	23.7km^3/年	
	農業用水　18.8km^3/年 (79％)	
	工業用水　　1.7km^3/年 (7％)	
（出典：FAO　AQUASTAT 等）	生活用水　　3.2km^3/年 (14％)	

　サウジアラビアの水資源の特徴として、深層地下水依存が強いこと、及び人工的な海水化淡水化による割合が高いこと、排水の再利用量が少ないことである。

　人口が2010年の2,994万人から2020年には3,383万人に増加しているので、人口増、工業化、都市化の進展に対応するには、海水淡水化に頼るのでなく、農業用水の効率的な施用、排水の再利用増加等の対策が必要と考えられる。

　日本での海水淡水化装置は、離島、海岸地域に多く、約70基余り設置されている。淡水製造能力は約0.08km^3/年で、国内の水使用量の約0.1％である。最大規模は、福岡市に設置されている逆浸透膜式

の5万m³/日の装置である。

　海水淡水化は、従来、蒸発法（海水を加熱して蒸発させ、冷却して淡水を製造）で行っていたが、多量のエネルギー投入が必要であるので衰退していき、現在は、エネルギー投入量の少ない下図に示すような逆浸透法（海水を加圧して逆浸透膜に通し、海水の塩分を濃縮して捨て、淡水を製造）が主流で、全体の70％を占めている。

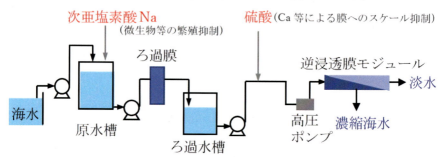

逆浸透膜法による海水淡水化フロー

ダムの運用

　1997年に施行された改正河川法により定められた「利水」「治水」「環境保全」を守って、ダムを建設・運用する必要がある。さらに、河川法の特例として、1957年に施行された特定多目的ダム法により、利水、治水のために一定量を常時貯水することが定められている。その結果、渇水状態となっても十分な水を供給できず、大雨状態となっても十分な水を貯水できない。

　特定多目的ダム法は、気象予報の精度の予知が難しい約60年前に定められており、精度のよい予知ができる現在では、特定多目的ダム法を見直し、機動的な運用をすべきと考える。

　さらに、発電機能を有していないダムが多く、小水力発電であれば、既存ダムの一部改造で可能であり、炭酸ガスを発生しない自然エネルギーの積極的な活用策の推進が望まれる。

機能水

　一般的な工業用水以外に、特殊な人為的な処理をして製造され、工

業用に利用されている機能水があり、使用量が多い電解水（アルカリ性電解水、酸性電解水（次亜塩素酸水））と超純水を紹介する。

日本において、電解水は、pHによって次のように分類される。

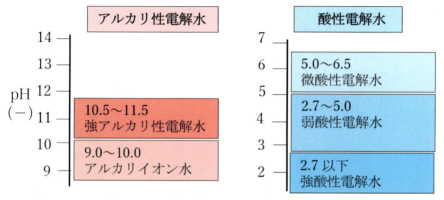

日本における強アルカリ性電解水は、JIS B 8701（次亜塩素酸水生成装置）で定められた装置を用い、塩化ナトリウム、塩酸等を添加した水溶液を電気分解することで陰極より製造される電解水である。油脂の乳化、たんぱく質の分解等有機物の汚れ除去に効果が認められており、医療・食品分野で、殺菌用の酸性電解水の前処理として使用するとより効果があるが、あまり普及していないようである。

日本における酸性電解水は、JIS B 8701で定められた装置を用い、塩化ナトリウム、塩酸等を添加した水溶液を電気分解することで陽極より製造される次亜塩素酸を主成分とする電解水である。この電解水は、消毒殺菌効果があり、手指や内視鏡の洗浄消毒水、及び食品添加物として薬事認可されている。医療機関、惣菜や水産加工品等の食品工場等で使用されている。また、塩酸、又は塩化カリウム水溶液を電解することによる製造される酸性電解水は、農林水産省より特定農薬に指定され、キュウリのうどんこ病、イチゴの灰色かび病に対する薬効が認められている。

日本の産業界での酸性電解水使用量は、統計資料がないので詳細は分からないが、消毒殺菌用のエタノール（約10万 m^3/年（80%換算））、次亜塩素酸ソーダ（約200万 m^3/年（6%換算））よりも普及していないと考えられ、多くて、数万 m^3/年と想定される。

なお、日本において、アルカリイオン水は、JIS T 2004（家庭用電解水生成器）で定められたハンディな装置を用い、水道水を電気分解することで陰極より製造され、家庭で使用する電解水がある。この電解水は、飲用すれば慢性下痢、消化不良等の胃腸症状改善に効果があると、薬事法で医療機器として認証されている。

　日本における販売台数は、2002年頃の43万台/年をピークに減少し、現在、約14万台/年（厚生労働省の薬事工業生産動態統計）となっている。耐久年数7年、一家で3L/日・台使用すると仮定すると、約110万 m^3/年使われていることになり、ミネラルウォータ消費量約400万 kL/年と比べると少ないが、ある程度普及している。しかしながら、海外ではまだ認知度が低く、あまり普及していないようである。

　水を浄化すれば不純物が減り、清浄な水となる。限りなく不純物を取り除いた超純水として、下図に示すように電気抵抗率が15 MΩ・cm以上で、理論純水の電気抵抗率18.24MΩ・cmにかなり近い水がある。

　超純水は半導体・液晶の洗浄水、医薬品分野の注射用水、火力発電所の超高圧ボイラ水、原子力発電所の炉心一次冷却水、微量分析水等として世界で約6億 m^3/年、日本で約1.5億 m^3/年使用されている。用途別割合では半導体・液晶の洗浄水が全体の約80％を占めている。

電気抵抗率に基づいた超純水の位置づけ

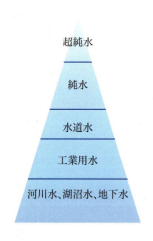

用途	電気抵抗率(MΩ・cm)
半導体・液晶の洗浄 火力・原子力発電所 医薬品製造等	15以上
精密機器洗浄、ボイラー水 化学製品製造 飲料原料等	0.1〜15
料理・洗濯・入浴等	0.002〜0.02
工場の冷却水 雑用水等	
工業用水、水道水の水源	

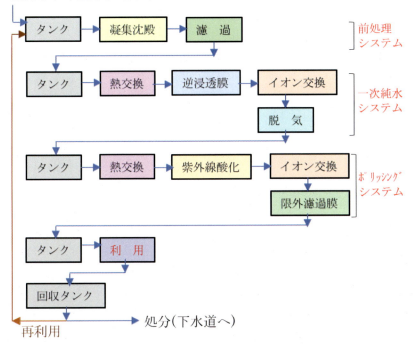

超純水製造システムフロー

　超純水は、工業用水、水道水、地下水等を原料として前図に示すように前処理システム（懸濁物質の除去）、一次純水システム（溶解イオン、溶存ガスの除去）、ポリッシングシステム（微量の不純物（微生物、生菌、電解質の除去）よりなるプロセスにて製造されるが、水資源の節約、環境汚染防止等の観点より、使用水の再処理プロセスが組み込まれており、再使用率が約80％となっている。

　半導体の集積度は、1965年提唱されたムーアの法則（集積度が2年で2倍となる）により、どんどん高密度化されており、現在128Gビットの集積度まで達している。半導体の集積度が高まるに伴い、超純水の要求性能も高まり、理論純水の電気抵抗率に近づいている。

　また、ボイラ水も、ボイラ効率上昇のために水蒸気の温度・圧力が高くなり、電気抵抗率が数MΩ・cmの超純水が使用されている。

6.3.3 生活用水

水道施設の歴史

生活用水の要となる水道施設は、紀元前4世紀から紀元後3世紀頃、古代ローマで本格的に整備された。

水道施設の総延長は約350kmに及び、その内約85％が敵の攻撃を受けないように石、レンガ、ローマンコンクリート（アルミナ系セメント＋火山灰）を用いて地下に造られた。都市部では、陶管、鉛管、青銅管等が用いられ、邸宅、公衆浴場、噴水等に供給された。

水道は、水源より、傾斜を利用して山、谷等を貫いて都市部に供給されるので、下図に示すようにトンネル、水道橋、逆サイフォン、点検用立坑、沈殿槽、貯水槽等より構成されている。

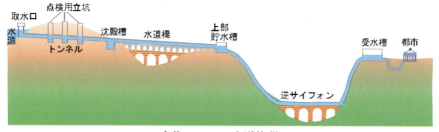

古代ローマの水道施設

ローマ帝国の滅亡で、ローマ水道は敵により徐々に破壊されていき、残された水路もメンテナンス不足により故障していった。現在、一部が使用されていたり、水道橋・ガール橋等の遺構が残っている。

現在の水道施設は、配管、ポンプ、浄水場で構成され、配管は半世紀前までは鋳鉄管、鉛管であり、少しずつダクタイル鋳鉄管、塩ビ管、ポリエチレン管等に交換されているが、多くが半世紀以上経過している等により、次の課題を有している。課題解決のため、ソフト面では民間業者への委託、広域化（複数自治体による共同事業）、ハード面では膜ろ過の導入が進んでいる。

・法定耐用年数（40年）を越えた管路が15％と多く、管路の耐震化率が40％と低い。

・不安定な降雨量への対処（配水網の整備、安定水源の確保等）
・人口減少、節水機器の普及に伴う水道設備の維持管理費の高騰

世界の生活用水

　世界の生活用水使用量は約3,500億m^3/年で、人・日当たりの使用量は約125L/人・日である。アフリカ、アジア諸国では100L/人・日以下で、欧米、日本の約200-500L/人・日と比べてかなり少ない。次図に示すように衛生的な水道水路が普及していない開発途上国の人口が約85%占めることによると考える。

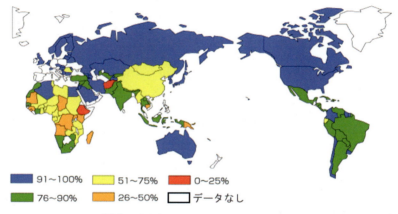

(出典：Global Water Supply and Saltaion Asessment 2000 Report)
世界各国における安全な飲料水供給率

　開発途上国では、片道30分内外の水源までの道を毎日歩いて20kg程度のポリタンクを担いで運んでいる。水源も浄化していないので、水質が悪く衛生的に良くないので、JICA（国際協力機構）等では水源確保等の支援をしながら対策を講じているが、広範囲であるのでなかなか普及率の進展に結び付かない。近年、1991年に南アフリカ出身のエンジニアによって開発されたプラスチック製で、容量90Lの手で転がして運ぶことができる次図に示すヒッポウォーターローラーが普及しつつあり、数日サイクルの水運びでよくなり、水汲み労働がかなり軽減されている。安価で、手軽な用具や水浄化技術の開発が望まれる。

ヒッポウォーターローラー

　開発途上国での下水道事情は、非常に悪く、衛生的なトイレを利用できない人が約25億人で、そのうち約10億人は屋外で用を足している。インドにおいては、文化的な側面もかなり関係しているので、現状を見てみる。インドの大部分はヒンズー教徒である。ヒンズー教では、次のことが根強く浸透している。
・屋内にトイレを設置すること、屋内で用を足すことは不浄である
・人間の排泄物処理をするのは、最下層の人々の責任である
・トイレを設置しても、汲み取り式であり、貯まったものを取り出すことに抵抗がある

　都市部では、下水道はある程度整備されているが、農村部ではほとんど整備されておらず、人口13.4億人のうち、約5.5億人がトイレのない暮らしをしている。すわわち、河川敷き、道路脇等で用を足す。
　インドでは、河川を林浴、洗濯等でよく利用するが、河川が下水、汚物やごみ等で汚れ、病気の原因ともなっている。インド政府も屋外排出ゼロを目指した展開をしているが、意識改革が進まない。

日本の生活用水

　日本の生活用水（上水道）は、河川、地下水より採取され、粘土、有機物、細菌等を除去のために、通常次図に示すように処理され、蛇口での安全性確保のために、0.1-1.0ppm（通常0.6-0.9ppm）の塩素濃度となる

ように、最終工程で塩素注入が行われている。有機物質汚染やかび臭等がある場合には、沈殿池後にオゾン処理にて有機物質を酸化分解し、活性炭にて吸着処理が行われているが、将来、有機フッ素化合物（PFAS）等の有害物増加や酸性雨で河川水が酸性化（pH<5.6）すれば、有害物濃度が高まるので、新たな処理技術を構築しておく必要がある。なお、水処理にて、約150万t/年（水分75％）のスラッジが発生し、約50万t/年（水分75％）が再利用され、約100万t/年（水分75％）が埋立処分されており、スラッジ処理のリサイクルにも課題を残している。

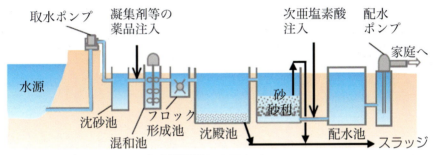

上水道処理システムフロー

生活用水は、家庭で使用する家庭用水と事業所、飲食店、ホテル等で使用される都市活動用水に大別される。合計で約151億 m^3/年（地下水32億 m^3/年、河川119億 m^3/年）で、家庭用水が約75％を占める。生活用水は1998年頃をピークとし、減少傾向にあり、核家族化の進行、下水道普及率の向上、雨水、再生水の利用、節水型機器（便器、洗濯機、蛇口・シャワー等）の普及等によると考える。

家庭用水は現在、全国平均で約220L/人・日使用され、福岡市の2005年度と2015年度において、次表に示すように総量はあまり変化がないが、各割合が大きく異なっている。他の都市も同様の傾向が認められるので、節水型機器の普及（トイレ水の減少）、核家族化の進行（風呂水の増加、洗濯水、炊事水の減少）の影響が大きいように考えられる。節水強化には、風呂水を洗濯水やトイレ水に再利用することであるが、タンク、ポンプの設置等が伴うが、下水の処理も併せて、10年程度の償却年数で考えると、再利用することのメリットがあると考える。

家庭用水の内訳推移 （出典：福岡市水道局HP）

	風呂	トイレ	洗濯	炊事	洗面・その他	
2005年度	60.8	25.0	52.8	44.3	18.1	201L/人・日
2015年度	92.2	23.4	24.6	33.6	26.2	200L/人・日

　家庭用水の使用量は、地域によって大差ないが、水道料金は地域によって格差があり、20m³/月の料金で、800〜7,000円/月と幅がある。人口の多い都市では2,000円/月程度であるが、北海道夕張市では7,000円/月と高く、兵庫県赤穂市では800円/月と安価である。

　水道料金は、取水元の河川、地下水、湖沼の水質、地域の地理的要因、水道布設年等による歴史的要因、人口密度等による社会的要因等によって異なり、水道管の老朽化、人口減の進行等により、上昇傾向で、地域差が拡大傾向にある。

おいしい水

　先進国での水道水は、浄化・殺菌されているので、安全上は問題ないが、カルキ臭、カビ臭等でおいしくないことで、水道水料金よりも1,000〜2,000倍高くとも、ミネラルウォーターを飲んだり、蛇口に浄水器をつけたりしている人が多くいる。

　水のおいしさは、臭い、味、温度等が関係する。

　臭いは残留塩素によるカルキ臭、藍藻類、放線菌等の出すかび臭等が影響し、味はCl（塩辛さ）、Mg（苦味）、Fe（渋味）、Cu（渋味）、Mn（苦味）、残炭酸（刺激感）、有機物質（渋味）の濃度等が影響し、温度は10-15℃がよいとされる。

　浄水器では、残留塩素、かび臭は除去されるが、Mg,Fe等のミネラル成分の除去はできない。通常、水道水では、硬度が10-100mg/Lであるので、硬度としてはおいしい水の範囲にある。

　環境省が1985年に選定した名水百選の水がおい

おいしい水を飲む

しいのは、湧水や地下水であり、水温が10-15℃にあることで、口腔の粘膜が刺激されて清涼感を感じる一方、発臭物質の揮散が減ること等による。

日本ミネラルウォーター協会によれば、ミネラルウォーターの消費量は、清涼飲料水消費量2,270万kL/年の約18%にあたる約400万KL/年で、漸増傾向にある。1人当たりの消費量は約32L/年・人であり、欧米の150L/年・人前後と比べて少ない。1人に必要な飲料水量は約1.5L/日・人（550L/年・人）であるので、日本では約6%、欧米では約30%ミネラルウォーターを摂取していることになる。

ミネラルウォーターの国内生産、輸入数量の推移

ミネラルウォーターは、国内で約1000銘柄流通しており、特徴は硬度が異なることである。硬度は、WHOによる飲料水ガイドラインで次のように定義されている。

硬度	0 〜 60	60 〜 120	120 〜 180	180 mg/L 〜
	軟水	中程度軟水	硬水	非常な硬水

硬度($CaCO_3$換算 mg/L) ＝ Mg(mg/L)×4.12＋Ca(mg/L)×2.50

硬度は0〜1000mg/Lと幅があり、国産品は河川水が石灰岩の少ない火成岩層をはやくながれることで、硬度は60mg/L以下の軟水が多く、輸入品は河川水が石灰岩の多い水成岩層をゆっくりと流れることでミネラル分が多く溶解するので、120mg/L以上の硬水が多い。

硬度は、食材を調理するとき等にも留意が必要である。コーヒー、紅茶、緑茶等の香りを重視する用途は、抽出力が高い軟水がよく、肉、

魚等の臭みを抑えるには、抽出力が弱く、硬度成分と臭み成分が結合してアクとなる硬水がよいとされる。ご飯を炊いたり、野菜を茹でるには軟水がよく、硬水を用いるとカルシウムが植物組織・ペクチンと結合して固く、パサパサになる。豆腐製造に硬水を用いると大豆のたんぱく質とカルシウムが結合して固くなる。

直接飲料とする場合、軟水は円やかで、硬水は苦みがあるので、好みで選んでいるようである。また、硬水はミネラル分補給として運動後に飲んだり、便通をよくするとか、動脈硬化予防等のために飲んでいる人も多くいる。

ミネラルウォーターを注ぐ

ただし、硬度の高い硬水は、腎臓に負荷を与えたり、下痢を起こしやすくしたりするので、硬度の高い硬水（300mg/L以上）を継続して飲用するのはよくない。

一方、浄水器において、浄水器協会によれば、出荷台数は約350万台/年、浄水器用のカートリッジ出荷台数は約2400万台/年前後で横ばい状態である。カートリッジ1個の浄水能力を1000Lとすると、浄水器による水消費量は約0.25億KL/年となり、

（出典：PanasonicのHP）
蛇口直結型浄水器

浄水を使用しなくてもさしつかえのない風呂、トイレ、洗濯を除いた家庭用水＋都市活動用水の約60億 m^3/年の約0.4％が浄水器を通した水使用していることになり、浄水器による浄水の使用は、限定的である。

下水道

家庭用水、都市活動用水の合計約151億 m^3/年、および工場で再使用されずに廃棄される廃水約100億 m^3/年の合計約251億 m^3/年が下水道に流入し、次図に示す標準活性汚泥法によるフローで無機物、有機物、細菌等が除去され、最終工程で塩素殺菌をして大部分が河川に流され、一部の約2.5億 m^3/年が修景用水等に利用されている。処理で発生した

汚泥約840万t/年（水分80％）は、約60％が焼却で減量化され、乾燥ベースで約250万t/年が再利用、約50万t/年が埋立処分されている。

なお、処理水を再利用する場合、閉鎖水域に放流する場合は、有機物、窒素、リンを除去するために、活性汚泥を用いた嫌気・好気処理、凝集剤添加処理、急速砂ろ過処理、オゾン酸化処理、活性炭吸着処理、膜分離処理等を組み合わせた高度処理が実施されている。

家庭からの排水は、家庭内で1ヶ所に集められ、大部分が公共下水道での処理、集落に設置された排水処理、コミュニティプラント、浄化槽等で処理されているが、地域により、風呂水、洗濯水、炊事用水等は直接河川に放流し、水洗化されていないトイレの汚物は各戸汲み取り後、し尿処理施設で処理されているところも多く残っている。

なお、1970年に下水道法が改正されるまでは、建設費の安い汚水と雨水を一緒に処理する合流式が多く整備されたが、それ以降は、河川の水質保全と大雨時の対応等で、汚水と雨水を別々に処理する分流式が多くなり、現在、処理面積当たりの分流式割合は全国平均で約20％となっているが、大都市では合流式が多く、東京都では約80％が合流式である。合流式は、大雨時に貯留池に一時的に貯留する等の改良で、大雨時の対応を分流式に近づけるように改善されつつある。

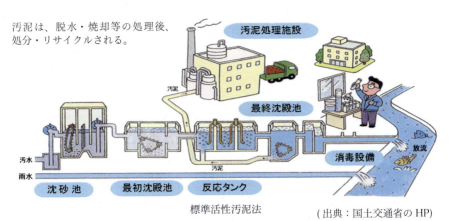

下水の分流式処理システム標準フロー

全国の下水道普及率は、79.3％であり、都道府県別では、東京都の99.6％が最も高く、神奈川県（96.8％）、大阪府（96.0％）と続く一方、徳島県（18.1％）、和歌山県（27.8％）、高知県（39.5％）のように低い地域もある。

　100万人以上の都市下水道普及率は99％以上であるが、5万人以下市町村では30％以下と、人口等による格差が大きくなっている。

　徳島県の下水道普及率が低いのは、台風による浸水被害が多いので、浸水対策が重視されていること、吉野川、那賀川、勝浦川等の大河川があって、水の汚れがあまり進んでいないこと等で、下水道整備が後回しになっていることによる。また、トイレ汚水、台所、風呂、洗濯等の生活排水の処理ができる集落排水施設、合併浄化槽を加えても汚水処理人口普及率は60.4％と低い。ただし、トイレ汚水処理のみの単独浄化槽（2001.4月より新設禁止）を加えると、下水の水洗化率は91％であり、多くの住民は、生活排水が側溝や水路にたれ流し状態でも、トイレが水洗式となったことで満足している。

　一方、岩手県は、下水道普及率が81.6％とやや高いが、水洗化率が74.7％と全国で最も低い。多くの世帯で、水洗化のための費用負担が大きいことで導入を躊躇しているためである。

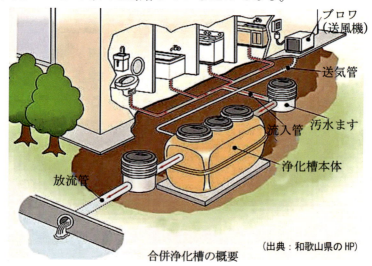

合併浄化槽の概要　　　　　　（出典：和歌山県のHP）

6.3.4 その他

(1) 医療用の注射液・輸液

水は溶解度が優れ、治療用の薬剤を溶かすことができるので、滅菌した蒸留水等が医療用の注射液・輸液の溶媒として利用されている。

容量50ml以下で静脈/筋肉/皮下に注射投与されるのが注射液で、容量50ml以上で手足の静脈に点滴投与されるのが輸液である。

注射液

注射液は、病気、体調不良、感染症予防等に対する効果が早く、投与量も少なくて済み、水溶性（溶媒:蒸留水）、非水溶性（溶媒:植物油、ポリエチレングリコール等の有機溶剤）、懸濁性、乳濁性等の種類がある。水溶性の糖尿病治療のインスリン、関節痛治療のヒアルロン酸ナトリウム、疲労回復用のアリナミン等は広く使用されている。

2019.12月にコロナ感染が流行しだしてからは、水溶性のCOVID-19予防ワクチンが急速に広まっており、注射液市場において、2018年が6,381億円だったのが、2020年には12,919億円に急拡大している。

現在、COVID-19予防ワクチンは、ファイザー社、モデルナ社等の海外に依存し、国内産の開発は遅れている。海外では1990年頃より開発に着手したが、日本では国、企業のワクチン開発に対する意識が低く、本格的に開発に着手したのは2019年頃からである。この教訓を肝に銘じ、先手で事を進める姿勢の大切さを強く意識してほしい。

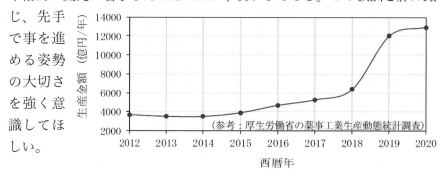

注射液の国内生産金額(輸入を含む)推移

輸液

輸液は、蒸留水に塩化ナトリウム、塩化カリウム、塩化カルシウム、ブドウ糖、アミノ酸等を添加し、水分補給、栄養補給、体液調整、急性期疾患（心停止、意識障害、呼吸障害等）等に即効性のある治療として用いられている。

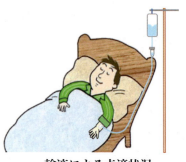

輸液による点滴状況

輸液市場は、2009年頃までは輸液薬価（500ml袋での価格）の低下に伴い下落していったが、輸液薬価が上昇しだしてからいくぶん回復し、2020年で1,800億円（約80％が輸入）の市場である。2020年の輸液薬価は約180円であるので、約500万KL/年の蒸留水が用いられ、500ml袋で約10億個/年（270万個/日）となり、45人に1人が毎日使用していることになる。輸液容器をガラス瓶よりプラスチック製袋に変える、製造・配送の見直し等によるコストダウンに努めているが、原材料コストの高騰、輸液薬価の低迷等により、国内の輸液メーカは減少傾向にあり、1970年代に38社だったのが、2020年で（株）大塚製薬、テルモ（株）等10社となっている。

輸液の国内生産金額(輸入を含む)推移

(2) 発電用水

太陽光、風力以外の発電（水力、火力、原子力、地熱）は、水の有するパワーを用いて発電している。水力は水量と落差によるエネルギーで水車を回して発電し、火力等は燃焼等で発生する熱で水を加熱し、高温高圧の水蒸気でタービンを回転させて発電する。

電気がなければ、産業、生活の維持・発展は成り立たないので、水の有するパワーは、現在社会に大いに貢献している。

農地に水を供給する水車
兵庫県神河町新野地区

水力発電は、水の有するエネルギーを直接利用する。すなわち、水路より水をくみ上げて農地に供給する水車がモデルとなり、イギリスの発明家・ウィリアム・アームストロングが1840年に考案した水力を利用した回転式原動機をベースとし、発展させたものである。

水力発電は、位置エネルギーの変化を利用して発電する。すなわち、大きな発電量を得るには、流量と落差を大きくし、水車、発電機等の効率を高めることである。流量の拡大は利水量制限で難しいので、落差を大きくするために、標高の高い所にある取水口より発電所まで長い場合で数kmの地下水路で導水している。水車の種類として、フランシス、ペルトン、プロペラ等があるが、広範囲の落差（10-300m）に適用できるフランシスが水力発電所の約70%を占めている。

発電方式による発電効率は、火力発電の約45%、原子力発電の約35%、太陽光発電の約20%等と比べ、水力発電が80-90%と高い特徴があるが、降雨量の影響を強く受けることが難点である。

雨量は、渇水期、豊水期により異なり、電力消費は昼と夜、夏と冬では異なるので、電力量をコントロールできることが望まれる。

これらの事情により、水力発電は、発電方式（水の利用方法）として、次の4方式がある。流れ込み式の発電形式は、水路式がほとんどであり、貯水池式の多くはダム水路式である。

水力発電の発電方式による分類

方式	概　要
流れ込み式	河川の水を貯めずに水路に引き込み、低所に導いて落差、流量を利用して発電。電力消費等による発電量調整が難しい。
調整池式	電力消費の少ない時間帯に比較的規模の小さい池に水を貯め、電力消費の大きい時間帯に水を水路に流して発電。 1日～1週間程度の電力量調整ができる。
貯水池式	豊水期や電力消費の少ない時期に高所の貯水池に多量の水を貯め、電力消費の多い時期、時間に水を流して発電。
揚水式	上流と下流に貯水池を設け、主に電力消費の少ない夜間に下流の調整池よりポンプを持いて上流の調整池に水を汲み上げ、電力消費の大きい昼間に下流の調整池に放流して発電。

発電形式（落差を得る方法）として、水路式（高所より水を水路に引き込み、低所で発電）、ダム式（ダム堰堤高さを生かして発電）、ダム水路式（ダムより水路に水を引き込み、低所で発電）に分類される。

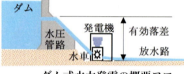

ダム式水力発電の概要フロー

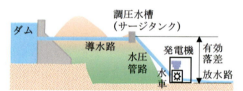

ダム水路式水力発電の概要フロー

現在、日本の水力発電所（発電出力100kW以上）は約2300ヶ所あり、その内、流れ込み式が62%、調整池式が22％、貯水池式が13％、揚水式が3%を占める。

関西電力　原発電所（兵庫県）

発電出力5000kWの貯水池式の水力発電所である。

引原ダム(有効貯水量1840万m^3)より、口径1.8m、長さ1.9kmの導水管を調圧水槽まで引き込み、口径0.65-1.8m、長さ1921.3mの水圧鉄管を用い、最大水量5.5m^3/秒、有効落差109.9mで、フランシス水車に導いて発電。

発電容量では、揚水式が 48％、調整池式が 25％、貯水池式が 15％、流れ込み式が 12％である。

　日本最大の貯水式の奥只見発電所（阿賀野川、福島県、ダム水路式）は、最大流量が 387m³/秒、有効落差 169m で、水車等の効率が約 87％であるので、発電出力は 56 万 kW である。

　また、日本最大の揚水式の奥多々良木発電所（兵庫県）は、最大流量が 597m³/秒、有効落差 387.5m で、発電出力は 193.2 万 kW である。

　揚水発電所の総発電出力は、約 2,750 万 kW であるが、水の上下への送水で発電出力は相殺され、ほぼ零となる。それ以外の事業用水力発電所の総発電出力は約 2,300 万 kW（平均落差を 150m、設備稼働率 100％とした場合の水使用量：約 90 億 m³/年）であり、100％利用で、発電電力総量の約 20％に相当する約 2,015 億 kWh となる。

　しかしながら、実働の水力の割合は、発電電力総量約 10,440 億 kWh の約 8％と低く、設備稼働率も約 40％と低迷している。

　世界で最大の水力発電所は、中国の長江流域に設置された三峡ダムで、発電出力は 2,250 万 kW（70 万 kW 発電機が 32 基）、発電電力量は 1,000 億 kWh（稼働率 50％）で、大型火力発電所約 15 基分に相当し、一つの水力発電所で、日本の水力発電総発電電力量の 50％に匹敵する。日本でこれに匹敵する水力発電所が設置できれば、炭酸ガス排出量を低減でき、相当エネルギー事情も改善できる。

　一方、揚水発電において、原子力発電のほとんどが稼働していないために夜間電力に余裕ができず、さらに太陽光発電の普及によって昼間の電力量に余裕が出る等で、稼働率が約 3％とほとんど機能していない状態が続いている。

　水力発電の稼働率、普及率が高くなれば、地球環境にやさしいエネルギーでもって日本のエネルギー消費割合を高めることができるので、次のことの積極的な推進を望みたい。

　稼働率向上
　　・ダムの貯水容量の向上ときめ細かい利用量の調整
　　・季節・地域による水量変動の効果的な対応

- 堆砂の浚渫による貯水量の増加
- 水車・発電機のリプレイス（水車・発電機の効率向上）
- 高圧直流送電による都市部供給における送電ロスの減少

普及率の向上

包蔵水力（技術的・経済的に利用可能な水力エネルギー量）は約4,700万kWあるが、現在、約半分しか利用されていない。大規模電所の建設は、治水・利水の効果、立地条件、立地場所の環境保全、費用・工期等より難しくなっている。そこで、用・工期等よりメリットのある3万kW以下の中小発電所は、FIT制度（固定価格買取制度）の対象となり、河川、用水路等への建設が進み、現在の水力発電容量の約35％まで普及しており、今後の進展が期待されている。

(出典：Wikipedia マイクロ水力発電)
140kWの町川発電所

長野県大町市にあり、高瀬川の用水路の自然段差(16.2m)、水量1m^3/秒を活用して発電

（3）消防用水

船舶、工場、家屋、ビル、森林等の火災の消火に用いる用水を消防用水といい、日本では消防法等で設置場所、構造等が定めてある。

日本において、海上での船舶火災は約80隻/年、家屋、ビル、工場等の陸上火災は約4万件/年発生している。

海上での消火を担うのは消防艇であり、自治体所有の約60隻、海上保安庁所有の約15隻が対応をしている。国内最大級の消防艇は、全長43m、総トン数195t、放水量70kL/分（普通消防車35台相当）、負傷者収容人数最大100名、化学消火剤積載量9000Lの東京都保有の「みやこどり」である。陸上での消火を担うのは消防本部、消防団

所有の消防車で、約 24,000 台が対応している。

　陸上火災で使用する消防用水量は、火災規模によって異なるが、20,000L/件とすると、日本全体で約 80 万 m³/年となり、生活用水量 151 億 m³/年の 0.005％で、水道水への負荷は少ないと考えられる。

　陸上火災の消防用水は、消火栓、防火水槽、河川、湖沼等より確保されているが、主力は全国に約 210 万台（地上約 30 万台、地下約 180 万台）設置されている消火栓である。消火栓は地上設置（高さ 950mm 内外）と地下設置（マンホール蓋の下）があり、地上式は日本水道協会の規格として 1969 年に廃止されたが、積雪地域では現在でも設置が続いている。消火栓は、接続口径が呼び径 65A（外径 76.3mm）で、給水能力が 1m³/分以上、連続 40 分以上の給水能力を有する配管に取り付けることが消防法で定められている。

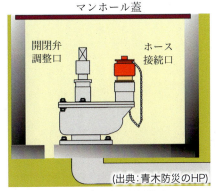
(出典:青木防災のHP)
地下式消火栓の模式図

(出典:Wikipedia 消防艇)
消防艇「みやこどり」の放水状況

（4）バラスト水

　生活に欠かせない原油、LNG、食料品・日用品等を積み込んだコンテナ等を運ぶ船舶は、輸出で荷物を積み込んで出航して空積で戻り、輸入で空積で出航して荷物を積み込んで戻るので、いずれも空積状態がある。

　空積となった船舶は、バランスを保ち、安全確保のために重り代わりに船底に海水を積み込む。これをバラスト水と言う。

　バラスト水は、世界で約 100 億 m³/年排出され、日本では約 1700 万

m^3/年が日本近海で排出され、約3億m^3/年が海外の海域に排出されている。

海水を積み込む海域と排出する海域が異なるので、バラスト水を排出した海域に本来とは異なる貝類、海藻、プランクトン、バクテリア等によって生態系に影響が及ぶことがたびたび生じていた。

(出典：国立環境研究所のHP)

船舶からバラスト水の排出状況

- 排出されたバラスト水のキヒトデによって、オーストラリアの養殖ホタテ、牡蠣等が食い荒らされた。
- 排出されたバラスト水のワカメによって、オーストラリア、欧米で大繁殖し、漁業の一時的な中断に追い込まれた。
- メキシコ湾に排出されたバラスト水のコレラ菌によって、南米で約100万人が感染し、約1万人が死亡した。
- アメリカの五大湖に排出されたバラスト水のゼブラ貝によって、五大湖沿岸の発電所等の取水口が塞がれ、運転停止となった。

そこで、2004年に「バラスト水管理条約」が採択され、2017年以降は全船舶に対して、排出されたバラスト水が生態系に影響を及ぼさないように、次表に示すバラスト水排出処理基準が定められた。

バラスト水排出処理基準

対象生物		基準	備考
プランクトン	最小サイズ50μm以上の生物(主に動物プランクトン)	10個/m^3未満	外洋の1/100程度
	最小サイズ10μm〜50μmの生物(主に植物プランクトン)	10個/ml	
バクテリア	毒産性コレラ菌	1cfu/100ml未満	海水浴場並
	大腸菌	250cfu/100ml未満	
	腸球菌	100cfu/100ml未満	

cfu：Colony forming unit（コロニー形成単位）

バラスト水処理の市場は、世界で約2兆円/年の市場とされ、国内外の多くの企業が参入した。日本では、JFEエンジニアリング、日立製作所、三井造船、栗田工業等が参入し、目開き数十μmのフィルター（素材はステンレス、ポリエチレン等）で貝殻、海藻、大きな微生物、浮遊物等を取り除いた後、プラクトン、バクテリア等を死滅させるために紫外線、電気分解による次亜塩素酸、空気酸化によるオゾン、薬剤（次亜塩素酸Na等）等で処理後、排出する装置を開発している。

　世界では、フィルターと紫外線（UV）処理を組み合わせた装置が約50％を占め、フィルターと電気分解による次亜塩素酸処理を組み合わせた装置、フィルターと薬剤を組み合わせた装置と続く。

　日本では、次図に示すJFEエンジニアリングのフィルターと薬剤（次亜塩素酸Na）を組み合わせた装置が高いシェアを有する。取り入れる海水は、フィルターと薬剤（次亜塩素酸Na）処理を行って積み込み、排出時はバラスト水中の残留塩素（HClO）を還元してNaClとするために、亜硫酸Na（Na_2SO_3）水を添加して、排出されている。

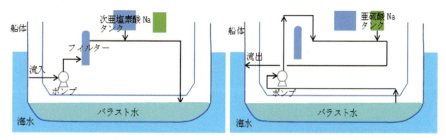

バラスト水流入時の処理フロー　　　バラスト水流出時の処理フロー

(5) アメニティー用水（快適な生活環境用水）

　河川、湖沼、水路、ため池、ダム湖等の水場では、魚釣り、水遊び、ボート遊び、散策等のレクリエーションを多くの人が楽しんでいる。

　渓谷、水源の森等では、水のせせらぎ音、小鳥のさえずり、マイナスイオン等で、心に安らぎを感じながら散策できる。

　また、広場、公園、都市空間の泉、噴水や流水等の水景は、多くの人に潤い、安らぎを感じさせ、活力を与えてくれる。

須磨離宮公園の噴水広場

明石海峡公園の滝テラス

　広場等の泉の歴史は古く、BC3000年頃のメソポタミア文明時代には、彫刻された像が設置された泉が、人々の飲用、浴用に用いられた。現存する泉で有名なのは、ローマ帝国の皇帝アウグストゥスがBC1世紀に建造したものを18世紀に建築家ニッコロ・サルヴィの設計で改造されたイタリア・ローマにあるバロック時代のトレヴィの泉である。

(出典:Wikipedia トレヴィの泉)

トレヴィの泉

　日本では8世紀頃（平安時代）に庭園に池や流水を取り入れ、江戸時代に進展し、金沢市の兼六園、岡山市の後楽園、水戸市の偕楽園等は、回遊式池、石、石灯籠、橋、樹木等ですばらしい景観を創り出し、人々を魅了している。

　最近では、高度処理した下水や雨水が、城の堀に用いられたり、街のせせらぎ水路に用いられたりしている。

　一方、学校では、文部省が水泳を取得すれば水難事故による犠牲を防ぐことができるとして1952年よりプールが導入された。

　また、水場は、カヌー等の競技、レクリエーションとして活用されている。レジャーとしての水場は、1963年に千葉県船橋市のヘルスセンターがウォータスライダーを導入した以後、各地の遊園地やヘルスセンターに流プール、ウォータースライダー等が付設された。

(出典:東条湖おもちゃ王国のHP)

ウォーターパーク

6.4 パワーを生む水
（常温高圧状態の水）

水の圧力によるパワーを用いた用途を右表に示す。

家庭用、業務用の洗浄で使用されるのが最も多い。次いで多いのが、金の錆除去、塗装の剥離、コンクリートのはつり・目粗し等である。

また、切断時に熱が発生しないので、プラスチック・ゴム・布等の柔らかい物の切断、水に研磨材（ガーネット等）を入れることで、金属、コンクリート等の硬い物の切断等に活用されている。

一方、水圧による推進力を生かし、高速船、水上オートバイ等に活用されている。

また、神経、血管等を傷つけずに組織を切除できるとして、手術用のメスに活用されている。

さらに、歯のステイン（着色汚れ）除去にジェット水流が用いられている。

水圧による用途

区分	圧力(MPa)	用途
中圧	1-10	床・自動車洗浄、表面の汚れ除去、手術、高速船、水上オートバイ
高圧	10-30	産業機械の内部洗浄、配管内部洗浄、金属錆除去、外壁洗浄
超高圧	30-100	塗装の剥離、コンクリートのはつり・目荒し
超々高圧	100以上	プラスチック・ゴム等の切断、研磨材入りで金属・コンクリートの切断

高圧水によるコンクリート床版の洗浄

水圧による推進力を用いた高速船

6.5 温まった水
（常圧高温状態の水・水蒸気）

　常圧高温状態の温まった水（液体）、水蒸気として、地下から汲み上げられた天然の温水・熱水と大気圧付近の大気圧より少し高い圧力での人工の温水（通常 40-60℃）・熱水（通常 60-100℃）・水蒸気（約 100℃）がある。

(1) 人工の温水・熱水

　人工の温水・熱水は、温水ボイラーで製造され、主に給湯、暖房、加熱に用いられる。

　世界全体での温水ボイラーの市場は、人口増、生活の利便性向上、産業の発展等により拡大傾向にある。しかしながら、日本では、人口減、脱化石燃料等により、減少傾向にあり、設備台数は、現在約 5000 台/年である。

　温水ボイラーは、右図に示すようにガス、灯油、電気ヒーターなどを熱源とし、チューブを流れる業水、水道水を加熱して温水・熱水とし、家庭では風呂・炊事場等への給湯、床暖房、屋根の融雪、店舗・事業所・ビル等では炊事場等への給湯、暖房、道路の融雪等として利用されている。

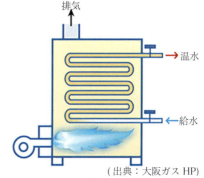

（出典：大阪ガス HP）
ガスを用いた温水ボイラー概念図

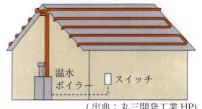

（出典：丸三開発工業 HP）
温水ボイラーを用いた融雪システムの概念図

　屋根の雪下ろし作業等で、毎年百十人が死亡しており、温水ボイラーを利用した上図に示す屋根融雪システムは補助対象となっており、普及すれば、屋根雪下ろし作業による事故が大幅に減ると考えるが、設備費、維持管理費などが課題となっている。

131

(2) 人工の常圧水蒸気

　常圧水蒸気は、衣類のシワをとり、除菌、脱臭もできるスチームアイロン/衣類スチーマーや床、壁、調理器具等の汚れをとり、除菌、脱臭もできるスチームクリーナー等に利用されている。

アイロン併用の衣類スチーマー
(出典：PanasonicのHP)

　衣類のシワは、繊維がズレていることで発生し、高温のスチームを衣類に吹きかけることで繊維が膨潤して均等に並び、冷えるとシワがなくなる。

　床等の汚れは、スチームを吹きかけることで、汚れ成分が剥離して浮き上がり、吸引/拭き取り/洗い流して除去する。

　スチームアイロンは、松下電器（現在のパナソニック）が1954年に販売してから拡大し、現在のアイロンのほとんどがスチーム機能を付与している。

　また、ハンガーにかけたまま衣類のシワを伸ばせる衣類スチーマーへの展開も2009年頃より活発化するとともに、固定台/固定台不要の両方で使用できるコードレススチームアイロンも普及しつつある。スチームアイロン市場は減少傾向にあるが、衣類スチーマー市場は手軽さが受けて増加傾向にあり、2020年で、約240万台/年（スチームアイロン＋衣類スチーマー）市場の内、約50％を衣類スチーマーが占めている。

約100℃のスチームを吹き出し、モップで拭き取る。

スチームクリーナー
(出典：ケルヒャーのHP)

　スチームクリーナーはドイツのケルヒャー社が1984年に家庭向けの高圧洗浄機を販売したことを皮切りに世界に広まっていき、国内

シェアのトップとなっている。国産の家庭用のスチームクリーナーメーカーは、アイリスオーヤマ、リョービ等がある。家庭用のスチームクリーナーは、スチームアイロン／衣類スチーマーほど普及しておらず、100万台／年内外の市場ではないかと考える。

（3）天然の温水・熱水（温泉）

　天然の温水・熱水は、紀元前3000年頃の古代エジプト時代、古代ギリシャ時代より、主に療養を目的に利用されていた。紀元前100年頃の古代ローマ時代に、「テルマエ・ロマエ」と称する公衆浴場が建造された。この浴場には、スポーツクラブ、レストラン、庭園、図書館が併設され、スポーツクラブでトレーニングをし、汗を流すために浴場に入り、レストラン等で寛ぐスタイルで利用されていた。

　現在、国によって利用スライルは異なっている。ヨーロッパでは主に療養のために利用し、アメリカでは自然の中の露天風呂が主流で、トレッキング等の際に利用し、オセアニアではスポーツ、アウトドア後に汗を流したり、泳いだりする保養目的で利用し、韓国・中国では、保養目的で水着着用の混浴が多いが、日本の影響を強く受け、スーパー銭湯（大きな内湯以外に、ジャグジー、サウナ、露天風呂等を併設）の人気が高まっている。

　日本では、温泉成分の化学的効果、温熱効果、水圧効果、浮力効果、自律神経正常化効果等より、心身の療養・湯治・保養、リラクゼーションの効用等や、料理や景観等の観光の目的として利用するスタイルが定着している。

　日本は、源泉数約27,000ヶ所、宿泊施設のある温泉地約3150ヶ所、宿泊施設数13,000軒、公衆浴場7,900軒がある温泉大国であるが、宿泊者数が現在約1.3億人／年で、減少傾向にある。

　宿泊者増加のために、各温泉地でいろいろな工夫を行っている。手軽にできるインターネットによる情報発信の強化、料理、設備の充実、インバウンド効果（外国人の増加）の拡大等を行っているところが多い。さらに一歩進んで、ドイツのクアオルト（保養地）を目指し、温泉や自然の地形や気候を活用した気候性地形療法という「クアオル

ト健康ウォーキング」を行ったり、バイナリー発電、小水力発電で温泉の維持管理費を安くしたり、湯めぐり手形を発行したり、日本理学療法士協会と温泉地が協同して介護予防・認知症予防に取り組む等を行っているが、あまり特効薬となっていないようである。

源泉の例(有馬温泉の天神源泉)

(出典:きのさき温泉観光協会のHP)

温泉の例(城崎温泉の御所の湯)

6.6 殺菌・動力を生む水 (過熱・高圧水蒸気)

水の温度、圧力による関係を右図に示す。

青色曲線が飽和水蒸気境界線で、それより下の領域が水蒸気と空気よりなる過熱水蒸気域、それより上が水と水蒸気よりなる飽和水蒸気域である。

過熱水蒸気域は、約100℃の飽和水蒸気を加温することで、食品等の乾燥、殺菌、加熱、洗浄等に利用されている常圧過熱水蒸気域

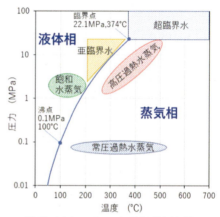

温度、圧力による水蒸気利用領域

と数百度の飽和水蒸気を加温することで、発電用ボイラ等に利用されている高圧水蒸気域がある。高圧水蒸気は、世界の動力の根幹となり、産業の発展、生活の維持・向上等に多大な貢献をしている。

水蒸気は蒸気ボイラーで製造される。世界全体の蒸気ボイラー市場は人口増、生活の利便性向上、産業の発展等により拡大傾向にある。

日本では、人口減、脱化石燃料等により、減少傾向にあり、現在の設備台数は、約3万台/年 (伝熱面積10m^{2}以下、使用最高圧力1MPa以下の小型貫流ボイラが約1万台/年) である。

飽和水蒸気域は、密閉状態のオートクレーブ (高圧蒸気容器) を用い、60-200℃の温度で、医療器材の滅菌 (容量: 数L～1000L)、炭素繊維強化プラスチック、コンクリート製品等の成形 (容量: 100L～50,000L) 等に用いられている。

医療用オートクレーブ (高圧蒸気滅菌器) は、新型コロナ等の感染症の進行により、世界的に市場が拡大しており、2019年の約550億円より、2025年に700億円になると予想されている。

6.6.1 過熱水蒸気

(1) 常圧過熱水蒸気

　常圧過熱水蒸気方式は、水蒸気を使用しない乾熱方式と比べ、伝熱性、乾燥性に優れ、酸化等による変質が抑えられること、中心まで熱が行き届くこと等より、食品の解凍、乾燥、殺菌、加熱、洗浄（脱脂等）に広く用いられている。また、工場等の暖房にも用いられている。

　食品別の蒸気処理による殺菌・除菌の例を右に示す。

野菜：0.02％次亜塩素酸Na
　　　水溶液に5分浸漬
生乳：120-130℃,2-3秒
清涼飲料水：85℃,30分
魚練り製品：120℃,4分

　生乳の製造フローを下図に示す。

　殺菌は、低温殺菌(63-65℃,30分)、高温殺菌(72℃以上,15秒以上)、超高温殺菌（120-130℃,2-3秒）があり、日本では生産量の90％以上が、菌を確実に死滅できる超高温殺菌（間接加熱のプレート式熱交換器が主流）が行われている。一部には、たんぱく質が変成せず、風味等を味わえる低温殺菌が行われている。

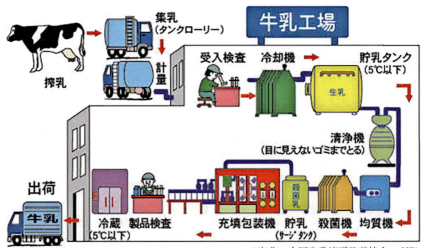

(出典：全国牛乳流通改善協会のHP)

生乳の製造フロー

(2) 高圧過熱水蒸気

　高圧飽和水蒸気は、熱効率の向上、ドレン水による熱損失の減少、水分腐食の抑制等のため、過熱して汎用の発電タービンの動力用に用いられる。よりタービン効率を高める際には超臨界水が用いられる。

　超臨界水は工業用水等を原料として超純水とし、スケール付着防止のためのリン酸塩系清缶剤、溶存酸素除去等のためにヒドラジン、スラッジ分散のための低分子量ポリマー、腐食防止のための中和性アミン等の薬品を添加後、化石燃料等による熱源で加熱し、600-700℃、25-35MPaとし、蒸気タービンを回転させ、発電する。

　使用後の超純水は復水器で温水となり、濾過、脱塩処理等で浄化され、再度使用される。なお、蒸気タービンは2段階が一般的であるが、発電効率を高めるために最新では3段階(高圧/中圧/低圧)となっている。

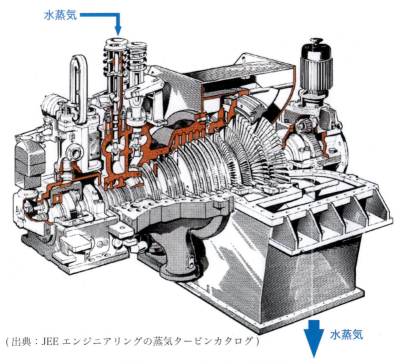

(出典：JEEエンジニアリングの蒸気タービンカタログ)

蒸気タービン(復水型)の概略図

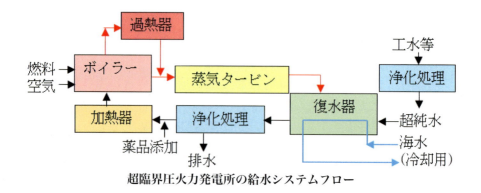
超臨界圧火力発電所の給水システムフロー

　2021.11月、イギリスのグラスゴーで開催されたCOP26（気候変動枠組条約第26回締約国会議）で、日本の石炭火力発電所に対する取り組みが問題となった。
　日本における現在の石炭火力の二酸化ガス排出量は、下表のように864g-CO_2/kWhで、他の発電方式よりも多い。しかしながら、原子力は安全性、太陽光、風力等は大容量化、発電効率等の課題を有する。

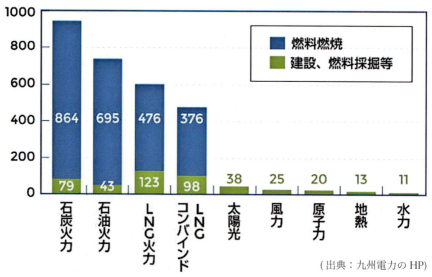
（出典：九州電力のHP）
発電方式による二酸化炭素排出量

一方、石炭火力において、ボイラ圧、温度を高め、燃料電池と組み合わせた複合発電で発電効率を55％（従来38％）に高め、二酸化ガス排出量目標を 590 g-CO_2/kWh とし、2025年の実用化を目指して開発に取り組んでいること等を理解しておく必要があると考える。

　また、発電効率を高め、二酸化炭素排出量削減のため、火力は、発電方式として、コンバインドサイクル発電に移行している。

　コンバインドサイクル発電は、次図に示すように、高温の燃焼ガスでガスタービンを回して発電を行い、排ガスで水を加熱して高圧の水蒸気として蒸気タービンを回して発電する方式である。

　この方式は、排ガスの温度を高めることで発電効率は高まるが、高温に耐えうるガスタービンの材料開発がカギとなり、現在1720℃までに耐えうるガスタービンが開発され、発電効率57％を目指している。

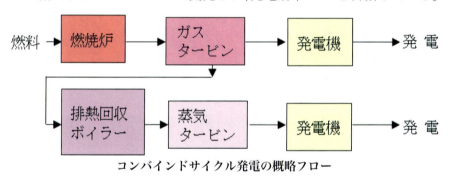

コンバインドサイクル発電の概略フロー

6.6.2 飽和高圧水蒸気

　飽和水蒸気において、培地、ガーゼ、メス、鉗子等の医療器材の滅菌処理では、処理時間が短くできる115-135℃の温度が用いられる。

　コンクリートブロック等の土木用コンクリート製品の成形では、生産性・経済性を重視し、60℃程度の温度が用いられる。また、より高強度を要する

(出典：松吉医療器械のHP)
医療器材用の高圧蒸気滅菌器

139

コンクリート建材には、耐久性のある反応生成物ができる180℃程度の温度を用い、オートクレーブ（高圧蒸気釜）で生産される軽量気泡コンクリート（ALC板）がある。

炭素複合材料である繊維強化プラスチック（CFRP）は、バドミントン・テニスのラケット、スキー・スノーボードの板、釣り竿、航空機、車両、ロケット等は、オートクレーブを用い、生産される。

(出典：川崎エンジニアリングのHP)

CFRP用のオートクレーブ

オートクレーブ成形では130-250℃の温度が用いられており、性能が優れるが、生産性に劣る課題を有している。近年、生産性を重視し、RTM法（Resin Transfer Molding 炭素繊維等の基材に、常圧で溶融した樹脂を含侵し、加熱硬化）、VaRTM法（Vacuum assisted Resin Transfer Molding 炭素繊維等の基材を真空吸引し、溶融した樹脂を含侵し、加熱硬化）等の方法が開発されている。

(出典：Wikipedia HⅡロケット)

HⅡロケット
先端のフェアリング、下部の固体ロケットブースターケース等にCFRPが使用されている。

6.7 凍った水（固体の水）

　固体の水、すなわち氷、雪は自然界に存在しており、南極、北極の氷、高山の氷河が地球温暖化の影響で融解しており、海面上昇、水不足等が問題となっている。また、雪害（道路凍結による交通事故、屋根雪下ろし作業による転落事故等）が毎年、数百件起こり、毎年百数十人が死亡している。

　一方、氷、雪が人工的に製造可能となり、冷たくてゆっくりと融ける、滑りやすい等の特性を生かし、利用が拡大しているドリンクの冷却、かき氷等の食用関係、生鮮食品の冷却、夏の冷房、及びスケート、スキー、雪氷像の鑑賞等のレジャー等について紹介する。

6.7.1 氷の利用

（1）食用、冷却用

　天然氷は、冬に氷室で貯蔵し、夏にドリンクの冷却、生鮮食品の冷却、病気時の冷却等として平安時代より、貴族や特権階級の人達に贅沢品として用いられていた。

　1858 年に日米通商条約が結ばれた以後、外国人居留地で、アメリカのボストンより運ばれた天然氷が用いられていた。

　夏場に庶民が利用できるようにしたのは、横浜を居住とする実業家・中川嘉兵衛である。中川嘉兵衛は、天然氷の製造・採氷・販売の事業を目指し、1861 年より、富士山麓、諏訪湖、日光、釜石、青森等の寒冷地で採氷し、横浜に運んだが、ほとんど輸送中に溶けてしまいすべて失敗に終わった。あきらめないで各地で採氷、輸送を繰り返し、1869 年、函館・五稜郭が天然氷の質がよく、船輸送の利便性がよいことに着目し、採氷した氷の内 500t を横浜まで運ぶことに成功した。これを機に横浜氷会社（ニチレイの前身）を設立し、事業を拡大した。

　天然氷から機械氷に移行する黎明期の 1870 年の夏、福沢諭吉が発疹チフスにかかり、連日高熱に苦しめられていた。苦しむ諭吉を救お

141

うと、氷の解熱作用に着目した慶應義塾生は、氷を入手しようと奔走した。塾生は、福井藩主の松平春嶽が外国製の小型製氷機を所有しているという情報を聞きつけ、この製氷機を春嶽から借り受けて試運転したところ、製氷に成功し、その氷で、諭吉は無事に回復したと言う。

機械による氷の製造は、1748年、ジエチルエーテルの気化熱を利用した製氷機をスコットランドのウィリアム・カレンが発明し、1834年、米国の発明家・ジェイコブ・パーキンスがエーテルを利用したコンプレッサー式製氷機を発明し、現在の原型となった。

日本には、明治以降に外国人居留地に製氷機が持ち込まれ、1883年に東京製氷㈱が設立され、1897年に機械製氷㈱がイギリス製の製氷機で、現在の業務用純氷柱（純氷：不純物を除去した透明で硬い氷）の製造を開始し、普及が進んだ。

一方、冷蔵庫が1950年頃より普及し始め、1961年より家庭で氷が造れるようになり、1980年頃より飲食店等で自動製氷機が普及し始め、氷の需要が急速に伸びるに伴い、業務用の純氷柱の需要は減少をたどった。しかしながら、最近、食品スーパーやコンビニ等で、純氷のもつ限りない透明感、マイルドな食感、硬くて溶けにくい特性等で人気が高まり、純氷柱（約105cm × 56cm × 26cm、約135kg）より製造した角氷（約2cm角）、かち割り氷、ボールアイス等の形態で、生鮮食品の冷却、ドリンクの冷却、かき氷等の利用が拡大している。業務用の純氷柱は、現在、約1900社で、約250万t/年製造されている。

なお、自動製氷機の氷製造量は、数万t/年で、純氷柱の1/100である。

純氷柱の製造は、次図に示すように、水道水を活性炭、フィルターで浄化し、ステンレス製の缶に入れ、中心部に空気を吹き込みながら-10℃の冷媒（約20％塩化カルシウム水溶液）のプールに約30時間入れ、約3mm/hの速度で壁面より凍らしていく。その後、中心部の凍っていなく

(出典：新宿氷業㈱HP)
純氷柱

て不純物含有水を吸引除去し、清浄な水を入れる操作を数回行い、約48時間後、缶をプールより引き上げ、氷にクラックが入らないようにしばらく室温での放置を経て、15℃の水に浸漬し、缶を引き抜いて製造する。純氷柱は周囲が透明な質の良い部と、白ぽい中心部よりなる。

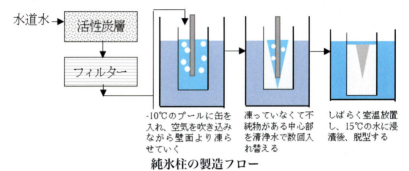

純氷柱の製造フロー

(2) レジャー用

氷は表面の水分子結合が不完全であるため、ベアリングボールのように滑りやすくなり、-7℃でこの性質は最も強く現れ、スケート等はこの性質を利用している。

スケートは、中世頃以降、オランダの貴族たちは結氷した沼地で楽しんでおり、17世紀に入ると、結氷した運河で庶民が移動のために利用して発展し、欧米に広まっていった。

日本には、19世紀終わり頃に、宮城県仙台市の五色沼で行われた米国人・デブィソンを講師とした子供達のスケート教室が先駆けとされ、しだいに庶民の娯楽として普及していった。

日本のスケートリンクは屋外と屋内にあり、1985年の約900ヶ所をピークに、維持管理費、施設の老朽化等で減少し、現在約150ヶ所で、年間開いているのは30ヶ所程度である。アイスホッケー、フィギュアスケートができるリンク数は、より限定されると考える。

スケートリンクは、冷却管を敷き詰めて水を張り、冷却機で約-10℃の冷媒（塩化カルシウム水溶液等）を冷却管に流して水を氷結させて施工される。オリンピック前には人気が高まっていくつか新設されるが、オリンピック後は解体されることを繰り返している。

6.7.2 雪の利用

(1) 冷却用

　中国、ギリシャ・ローマでは、紀元前より雪室（氷室）が食品の冷貯蔵所として利用されていた。

　日本では飛鳥時代に雪室（氷室）が食品の冷貯蔵所として利用されていたようであるが、本格的に利用されたのは江戸時代以後である。

　現在、雪は生活を妨げるものでなく、雪の特徴である冷却能力等を活用（利雪という）し、地域の活性化、個性化を図る観点から、次に示す試みが展開されている。

　　・生活用水：雪を貯蔵し、融雪水をトイレ等に利用
　　・冷媒源　：貯蔵した雪による冷房
　　　　　　　　雪室による野菜、魚等の生鮮食材の貯蔵

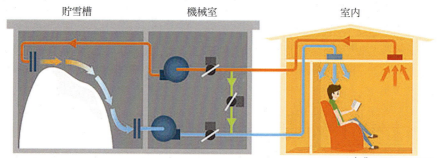

貯蔵した雪を利用した冷房システム　　　（出典：TDK の HP）

(2) レジャー用

　紀元前1万年前より、スキーは積雪地帯の移動手段として、北欧や中国で利用されていた。

　レジャーとしてのスキーは、1969年にノルウェーでスキー競技会が開催されたことが始まりで、その後、欧米に広がっていった。

　日本でのスキーは、1910年にオーストリアの軍人・レヒテが陸軍にスキー技術を教えたことから広まり、1990年代にはスノーボードが普及しだした。

スキー場の雪は、天然のみでなく、1960年代より積雪の少ない時、秋の終わり、春の初めに対応できるように人工降雪機（水を噴霧して雪を作る）、人工造雪機（氷を砕く）で製造した微細な氷の粒を製造できる人工雪製造機が導入され、現在、スキー場の約50％が備えている。

　人工雪製造機の主流である人工降雪機は、-2℃程度の外気下で、大型送風機より加圧した水を噴射し、噴射水の減圧による断熱冷却と外気による冷却により、微細な氷の粒をつくるもの、1950年頃にアメリカ人が発明し、アメリカのスキー場で初めて使用された。

　現在、世界全体のスキー（スノーボードも含む）人口は、約8000万人/年で、漸減傾向にある。ただし、中国は2022年北京冬季オリンピックを控えていること、経済力が高まっていること等より、急速にスキー人口が増加し、2010年の約700万人/年より、現在倍増している。

(出典：Wikipedia 人工降雪機)

人工降雪機

　一方、日本は、長野冬季オリンピックが開催された1998年のスキー人口（スノーボード含む）は、1800万人/年（スキー場数：720）であったが、その後急速に減少し、現在約600万人/年（スキー場数：450）である。現在のスキー客は中高年が主体で、30歳以下が少ないことから、若者が経済的負担の少ないライフスタイルへ変化、インターネット普及等により、余暇の過ごし方が室外から室内へ移行したことによると考える。

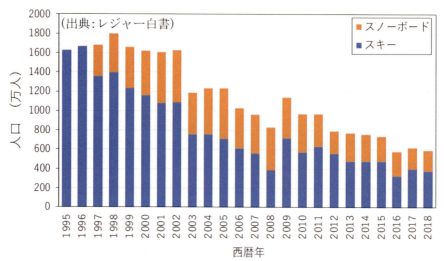

日本のスキー(スノーボード含む)人口の推移

一方、雪を積み上げて製作した大きな像、氷の彫像を展示し、人々が鑑賞して楽しむ祭りが、世界で行われている。世界三大雪氷祭りとして有名なのが、さっぽろ雪祭り、ケベックウィンターカーニバル（カナダ）、ハルビン氷祭り（中国）である。

日本では、十日町雪祭り（新県）、いいやま雪まつり（長野県）、横手雪祭り（秋田県）、層雲峡温泉氷瀑まつり（北海道）等があり、多くの観光客が冬の風物詩を楽しんでいる。

さっぽろ雪まつり(大通公園)

ハルビン氷祭りにおける氷の彫像

6.8 船舶輸送

　世界の国々で、人・物の移動は、トラック等の車、鉄道による陸上輸送、船舶による海上輸送・内陸水運、航空機による航空輸送によって行われている。輸送における最大の課題は、燃料の低炭素化・省エネ化、人・物の移動システムの効率化である。

　燃料の低炭素化・省エネ化は、電池単独、電池と化石燃料を組み合わせたハイブリッド化、バイオマス等を用いて製造する合成燃料（パラフィン系炭化水素）、水素等の推進である。しかしながら、世界の四輪車保有台数の約50%の7.6億台が電気自動車となれば、約100億KWhの電気が必要であり、それに対応できる低炭素化燃料を使用した発電所の増設が必要となる。また、水素は燃焼によるエネルギーよりも製造時のエネルギーが少なくなる革新的な技術の開発がされておらず、普及にはかなりの時間を要すると考える。

　人の移動システムの効率化は、新型コロナ感染症の拡大によって減少した乗客数を、空港の利便性、安全・安心の向上や、サービスの向上等による座席利用率を高めることであると考える。

　物流システムの効率化は、多量輸送できる鉄道、船舶との併用によるモーダルシスト、パレット梱包による荷役作業、ITを活用した荷待・空荷の推進等が展開されているが、高齢化に伴う働き手減少にいかに対応していくかがポイントとなっている。

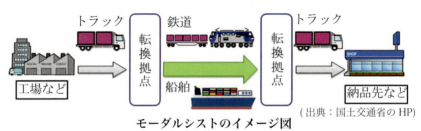

モーダルシストのイメージ図

（出典：国土交通省のHP）

　海に囲まれた島国・日本は、海外と、国内の各地域と、人・物の移動に水による浮力と表面張力を活用した船舶が広く活用されている。

　海外と日本との人の移動は、航空機が95.6%、船舶が4.4%で、短

時間で移動できる航空機がほとんどを占めている。船舶移動では、韓国、中国、台湾等の近隣諸国との定期航路が60％、クルーズ船による不定期航路が40％である。

　国内での人の移動は、公共交通機関（鉄道、バス、船舶、タクシー）によるのが17％、個人による（車、自動二輪車、自転車、徒歩）のが83％である。道路、自動車の普及に伴い、自動車によるのが50％と、人の移動の主体となっている。自転車において、保有台数が車と同程度の7,000万台となり、子供を乗せることができる電動アシスト自転車、健康志向の高まりによるロードバイクが大きく伸びている。

　島と本州との人の移動は、フェリーなどの船舶が主体であるが、明石海峡大橋、瀬戸大橋、大鳴門橋、関門橋、新関門トンネル、青函トンネル等の橋・トンネルの開通に伴い、船舶による移動は減少している。

　海外と国内との物の移動は、船舶が99.7％、航空機が0.3％である。船舶は、時間を要するが、一度に多量に輸送できるので、原油、LNG、石炭、穀物・食料品、雑貨等の主力となっており、国内の経済・産業・生活等を支えている。航空機輸送は、高コストであるので、プラント等の修理部品のように緊急を要する物、生花、生鮮食料等の劣しやすい物、電子機器、半導体等の高付加価値の物、貴金属、美術品等の盗難を避けたいもの等に限定される。

（出典：Wikipedia ばら積み貨物船）
穀物等を輸送するばら積み貨物船

　国内での物の移動は、2024年問題（働き方改革関連法が2024.4.1より施行され、自動車運転における時間外労働時間が960時間/年以内に制限される）で、より少ないドライバーで、どのようにしてより効率よく輸送するかが重要な課題となっている。鉄道、船舶との併用によるモーダルシフト、ITを活用した荷待・空荷の推進、荷台を着脱式として荷台を交換して荷物を受け取る、荷台を2台連結する等の物流システムの改革等により、収益を上げることで時間単価を上げ、残業代が少なくなることによる給料の低下を防ぐ必要がある。

7. 水を巡る旅

水の特異な特徴や水の有するパワーを実感し、安全・安心な生活を送るための探究力を高めることができればと考え、疏水、渓谷・渓流、水源の森等で安らぎ・憩い効果を体験する一方、水害を防止するための河川の治水施設や水の有するパワーを制御して安全・安心を高めるダム、炭酸ガスフリーの電力供給に寄与する水力発電所等を巡る旅を紹介する。

京都市・堀川

7.1 巡る場所の位置

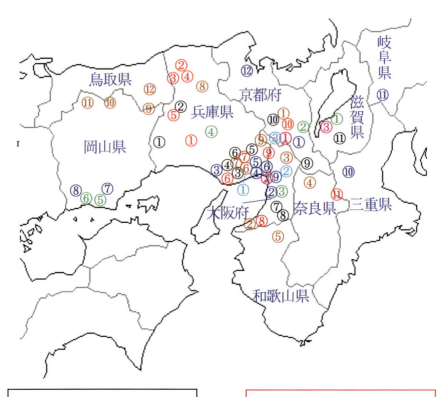

ダム・水力発電所
　①金出地ダム
　②引原ダム・原水力発電所
　③布引五本松ダム
　④石井ダム・立ケ畑ダム
　⑤一庫ダム
　⑥千苅ダム・川下川ダム
　⑦狭山池ダム
　⑧滝畑ダム
　⑨天ケ瀬ダム・水力発電所
　⑩日吉ダム
　⑪青土ダム

渓谷・渓流
　①鹿ケ壺
　②神鍋溶岩流
　③天滝渓谷
　④阿瀬渓谷
　⑤赤西渓谷
　⑥布引渓流
　⑦武庫川渓谷(廃線跡)
　⑧犬鳴川渓谷
　⑨箕面滝
　⑩錦雲渓・金鈴峡
　⑪赤目四十八滝

河川の治水施設
①七瀬川の二層式河川
②大和川河道・護岸整備
③塩屋谷川地下放水路
④都賀川河道・護岸整備
⑤武庫川河道・護岸整備
⑥猪名川捷水路
⑦旭川放水路
⑧小田川の水路付け替え
⑨寝屋川流域治水施設
⑩上野遊水地
⑪長良川・揖斐川の輪中堤
⑫由良川流域の輪中堤

疏水
①犬上川沿岸疏水
②琵琶湖疏水
③大和川分水築留掛かり
④淡山疏水
⑤西川疏水
⑥東西疏水

せせらぎ水路
①神戸市・松本せせらぎ水路
②東大阪市・鴻池せせらぎ水路
③京都市・堀川

水源の森・源流の森
①鞍馬山・貴船山
②奥山雨山自然公園
③寝屋川源流の森
④春日山原始林
⑤高野山
⑥生田川源流の森
⑦住吉川源流の森
⑧武庫川源流の森
⑨吉井川源流の森
⑩岡山県立森林公園
⑪毛無山ブナ林
⑫芦津水辺の森

水の都・水の郷
①京都市(鴨川)
②大阪市(堂島川等)
③近江八幡市(八幡堀川)

巡る場所は、大雨による土砂崩れ等により、道路・遊歩道が通行止めになっていることが多々あるので、事前に関係自治体等に確認しておくことが望ましい。

7.2 巡る場所の特徴

　水の特異な特徴や水の有するパワーを活用した治水（水害、土砂崩れ等の被害を防止）、利水（河川、地下水等からの水を、灌漑用水、水道用水、工業用水等に活用）、及び憩い・安らぎ効果を体験し、実感するために、ダム・水力発電所、河川の治水施設（洪水調節池、放水路、地下河川、捷水路、雨水貯留施設）、疏水、水源の森・源流の森、渓谷、せせらぎ水路、水の都・水の郷を歩いて巡る旅を行った。

　それぞれの場所を、治水（森林の環境）、利水（河川等の環境）、ハイキング（森林の散策道）、ウォーキング（河川・街等の散策道）を軸として分類し、下図に示す。それぞれの場所で、状態の異なる治水・利水機能を体験・体感し、趣の異なる自然・街並みを背景とし、歴史的な経緯を踏まえ、ウォーキング、ハイキングを楽しんではと考える。

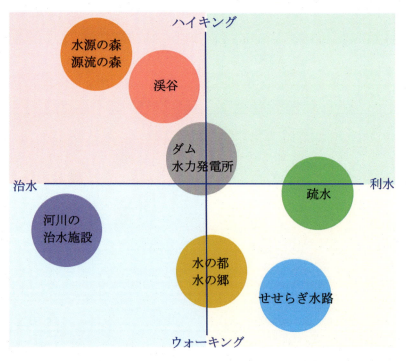

7.3 ダム・水力発電所

ダムは、3000基余りの利水・治水ダムと9万基余りの土砂対策用の砂防ダムがある。

利水・治水ダムのほとんどは、利水と治水を兼ね、常用洪水吐と非常用洪水吐が堤体の上部にある貯留型ダムである。

貯留型ダム以外に洪水調節のみを目的とした常用洪水吐が堤の下部にある流水型ダム（通称穴あきダム）が数箇所あり、既設の益田川ダム（島根県）、辰巳ダム（石川県）、最上小国川ダム（宮城県）、西之谷ダム（鹿児島県）、浅川ダム（長野県）、建設中の立野ダム（熊本県）、計画中の川辺川ダム（熊本県）である。

貯留型ダムは、水を貯留することで、利水（灌漑、上水道、工業水、発電）を行うことを主目的とし、治水も兼ねている。しかしながら、水を貯留することで水質が悪

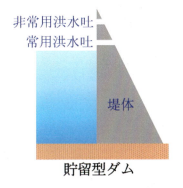

貯留型ダム

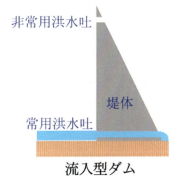

流入型ダム

化するので、清流を維持するのが難しくなるとともに、ダム湖に土砂が溜まり、年とともに貯水容量が減少するデメリットを有する。

一方、流水型ダムは、利水はできないが、水を常時土砂とともに流すので、水質の悪化、ダム湖に土砂が溜まるのを防ぐことができるとともに魚類の遡上ができる。さらに、大雨時に常用洪水吐からの放流量を超える流入があった場合、ダムの有効貯水量となるまで貯水を続けることで、ダム下流の洪水被害を防止できる。万一、有効貯水量を超えた場合には、堤体上部の非常用洪水吐より自然放流される。

貯留型ダム、流入型ダムの共通の課題は、流木対策である。貯留型

ダムでは堤体の前にフロートと合成繊維が一体となったフェンスが設置され、流入型ダムでは常用洪水吐の前にスクリーン、スリットが設置され、どちらも定期的に人海戦術で除去されている。

代表的な貯水型ダムは、水のパワーを制するために貯留して洪水を防止し、貯留した水を放流することで利水（発電、上水道等）を行うので、水のパワーを制し、活用を知るのに適した設備である。

ダムは、明治以降に普及が本格化し、当初は水道水利用が主目的であったが、昭和になって、多目的利用を目的とし、工業用水、上水道用水、洪水調整機能、発電等の複数の機能を持つようになってきた。

しかしながら、近年、都市化、工業化の進展、環境保全等より、ダム主体では、洪水調整等を対応しきれなくなってきた。

一方、ダム等に設置される水の落差・流量を利用し、地球温暖化に影響しない水力発電は、現在約2,300ヶ所で稼働しているが、日本の一次エネルギーの約8%に留まっている。

国、地方自治体等では、ダム、水力発電所の認知度を高め、多くの人が楽しめるように、散策路、ボート場、キャンプ場等のレクリエーションの場を設けたり、見学会を開催したりしている。

ダムでは、洪水吐からの放流の様子、ダム内部の見学会の開催、ダムカード発行等を行っている。また、ダムの特徴的な構造等により、人気が高まっている巨大な黒部ダム（富山県）、洪水吐が特徴的な豊稔池ダム（香川県）、青土ダム（滋賀県）、構造が特徴的な三滝ダム（鳥取県）などがある。

ここでは、関西地域、中国地域にあり、レクリエーションの場としても楽しめるいくつかの型式の異なる貯留型

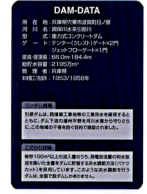

引原ダムのダムカードの裏(上)と表

ダム、発電形式の異なる水力発電所を紹介する。

なお、ダム・水力発電所を巡る際、次の基礎知識を取得しておけば、より楽しめるだろう。

利水・治水ダムの基礎知識
- ダムとは

  河川の流水を貯留し、又は取水するため、河川管理者（国土交通大臣または都道府県知事）の許可受けて設置された高さ15m以上の構造物（河川法）。日本のダム数は、3,000基余りある。

- ダムの役割（目的）（ ）は役割（目的）の略記号

  洪水調節（F）、不特定用水 / 河川維持用水（N）、灌漑用水（A）、上水道用水（W）、工業用水（I）、発電（P）、消流雪用水（S）、レクリエーション（R）

- ダムの構造（型式）（ ）は構造（型式）の略記号

  コンクリート製　重力式コンクリートダム（G）、アーチ式コンクリートダム（A）、中空重力式コンクリートダム（HG）、重力式アーチコンクリートダム（GA）、バットレスダム（B）

  土砂　　　　　　アース（フイル）ダム（E）

  石　　　　　　　ロックフィルダム（R）

- 堤体（ていたい）

  土砂、コンクリート等でできた水を塞き止める堤防

- 堤高（ていこう）

  堤体の高さ。基礎地盤の最低点と天端までの高さ。

- 堤頂長（ていちょうちょう）

  ダム上部の横方向の長さ

- 天端（てんば）

  堤体の一番上部

ダムの構造

- 洪水吐（こうずいばき）

    貯水池の水を放流する設備

    堤体の上部がクレストゲート（非常用洪水吐）、中間がオリフィスゲート（常用洪水吐）、下部がコンジットゲート（利水用ゲート）と呼び、ダムによって、これらの配置、数は異なる。
- 総貯水容量

    貯水池底の砂容量を含めた貯水池の最大貯水容量
- 有効貯水容量

    貯水池底の砂容量を含めず、治水・利水に使える水の最大容量
- 減勢工（げんせいこう）

    洪水吐から放流された水の勢いを弱めるための設備

水力発電の基礎知識

- 水力発電とは

    高いところから低いほうへ勢いよく水を流し、水車を回転させて発電機を動かすことによって発電を行う。

    発電出力、年間発電量は、次式で算出できる。

    発電出力 (kW) ＝ 9.8 × Q (流量 m^3/ 秒) × He(有効落差 m)
    　　　　　　　× η (水車、発電機等の総合効率 0.8-0.9)
    年間発電量 (kWh) ＝発電出力× 24 時間× 365 日
    　　　　　　　　　×設備利用率 (0.3-0.95)

    出力 1000kW 以下の水力発電は、「新エネルギーの利用等の促進に関する特別措置法施行令」で小水力発電と定義されている。日本の水力発電所の数は、約 2,300 基（揚水発電所が約 40 基）あり、この内、約 500 基が小水力発電所である。
- 発電形式（落差を得る方法）

    水路式　　　水を傾斜した水路に導いて落差を得る

    ダム式　　　ダムの高さで落差を得る

    ダム水路式　ダムの高さと傾斜した水路の両方で落差を得る

・発電方式（水の利用方法）
　　　流れ込み式　水を貯えず、流れる水を発電所に引き込んで発電
　　　貯水池式　　貯水池に水を貯めて発電
　　　揚水式　　　夜間に下部貯水池より上部貯水池にポンプを用いて水を汲み上げ、昼間に上部貯水池より下部貯水池に水を自由落下して発電

・水車の種類
　　水量、落差の違いにより、衝動水車と反動水車に大別される。
　　衝動水車

　　　高速の水を羽根に当て、その衝撃で水車を回転。小流量、高落差に適し、水力発電所の 70％に適用されている。ペルトン水車、クロスフロー水車等がある。

ペルトン水車

　　反動水車
　　　水の速度と圧力を羽根に作用させた際の水圧降下によって生じる反動力によって水車を回転。
　　　フランシス水車、プロペラ水車（カプラン水車、斜流（デリア）水車、チューブラ水車等）がある。フランシス水車は中流量、中落差、プロペラ水車は大流量、低落差に適用される。

　　　　フランシス水車　　　　　　　　プロペラ水車
　　　　　　　(水車写真の出典：中部電力、水車の種類 HP)

（1）千種川水系 / 金出地ダム（FN/G）

　金出地（かなじ）ダムは、二級河川千種川水系の鞍居川の上流域に設けられた堤高 62.3m、堤頂長 184m、有効貯水量 440 万 m³（総貯水容量 470 万 m³）の重力式コンクリートダムである。

　鞍居川は、佐用町多賀登山（標高 441.3m）山麓付近を源流とし、ダムのある鞍居湖を経て、上郡地区の建武橋傍で千種川と合流するまでの約 13km の長さで、流域面積 48km² の河川である。

　千種川水系の鞍居川の下流流域では、過去たびたび洪水被害を受けるとともに、渇水被害を受けてきた。そこで、洪水防御（治水）、農業用水の確保（利水）、河川環境の保全を目的とし、鞍居川の上流域に金出地ダムを建設することになった。1990 年に工事を着工したが、2003 年に事業見直しにより工事は一旦中止された。2004 年、2009 年に鞍居川の下流流域で洪水被害を受けたことで、金出地ダムの必要性が高まり、2012 年に工事が再開され、2018 年に完成した。

　過去の洪水被害の影響を軽減するには、河道が 420m³/ 秒の流量（基本高水流量）に耐える必要がある。この内、ダムで 101m³/ 秒貯留（流入量 120m³/ 秒、放流量を 19m³/ 秒）し、鞍居川の下流域で部分的にパラペット（プレキャスト嵩上げブロック）による築堤、河道掘削等の工事により増量を行い、最下流の建武橋で 350m³/ 秒（計画高水流量）に耐えられるようにするために順次工事を行っている。

　金出地ダム散策は、JR 相生駅よりバスに乗り、テクノ中央バス停で下車してスタートした。テクノ中央バス停より県道 28 号線を西に進むと金出地ダムに至る。

　ダムの天端を渡り、上流側、下流側の景色を楽しみ、南に延びる道路を経てダム下流側の底に至り、常用洪水吐 1 基、その上部に非常用洪水吐 4 門を有する堤体を眺め、水車のある水辺公園を散策した。その後、通ってきた道路を戻り、鞍居湖に沿った西側の道路を北に進み、渓流親水公園入口に至る。親水公園の車止め扉の右側より鞍居川に沿った散策道（廃自動車道）を通り、渓流の雰囲気を楽しみながら、ひょうご環境体験館を経て、Spring8 正門前バス停より、相生駅に戻った。

金出地ダム上流側

渓流親水公園入口

鞍居川渓流と散策道

鞍居川渓流と散策道

(2) 揖保川水系／引原ダム（FNIP/G）・原発電所

　引原ダムは、治水、利水を目的とし、揖保川支流・引原川を水源とし、1958年に完成した重力式コンクリートの多目的ダムである。

　原発電所は、引原ダムの南西約2kmにあり、引原ダムより、直径1.8m、長さ1921.3mの導水路を標高約460mにあるサージタンクまで引き込み、内径0.65mと1.8m、長さ174.61mの2本の水圧鉄管を用いて水量5.5m³/秒、落差109.9mで、5000kWを発電している。

　引原ダムは、音水湖周囲をレクリエーションとして楽しめるように、散策路、カヌークラブハウス、展望公園、下流公園、水遊びができるせせらぎ公園等を整備している。

　引原ダムは、完成後半世紀を経過し、近年、洪水が頻発・激甚化しているため、堤高を2m高く、堤頂長を22m長く、洪水吐を新設・拡大する等の改造工事を行い、2029年の完成を目指している。

　引原ダム管理事務所近くより、階段、スロープで約150m下って下流公園に行くと、下からダムの堤体を見ることができる。上部の2門の非常用洪水吐(ラジアルゲート)、中間の1条の常用洪水吐(ジェットフローゲート) 等からの放流は、ダム水位等によって適宜行なわれており、見学会では放流の様子を見ることができる。

　長さが約184mある天端道路を渡ると音水湖傍に記念碑が立っており、裏には水没した25戸の氏名、建設工事経過、表には建設当時の兵庫県知事・坂本勝氏の「すすむ世の　ためとてあわれ　さざなみの　そこに消えぬる　引原の里」の句が刻まれており、涙を誘われる。

　記念碑より階段を上っていくと展望公園があり、音水湖、斜張橋・カラウコ大橋、ダムの堤体、原発電所への取水塔等を眺望できる。

　展望公園から約250m西に下った後、約250m東に下ると天端道路の端に出る道があり、ダム建設当時に用いた骨材貯蔵場、セメントサイロ、バッチャープラント、コンクリート等を運んだケーブルクレーン走行跡等の遺構がある。

　引原ダムより約2km下流にあるダム水路式の原発電所は、引原ダムより取水した水を導水路で約2km先にあるサージタンク（口径6.5m、

高さ45m）まで運び、そこより水を落下させ、2基の水車、発電機で5000kW発電している。無人であり、遠隔操作により運転している。

展望公園からダム上流部眺望

下流公園

下流公園からのダム下流部眺望

ケーブルクレーン走行跡

発電用取水口(左側の設備)　　　　　　　原発電所

(3) 生田川水系／布引五本松ダム（W/G）

　1870年代より、神戸にコレラが流行する一方、人口増で飲料水の不足が続き、安全な水道施設の整備の機運が高まっていった。

　そのような状況下、布引五本松ダムは、生田川中流部の布引貯水池の東端にあり、上水道用ダムとして、英国人・ウィリアム・バートンの指導の下、技師・佐野藤次郎の設計で、1900年に完成した日本最古の重力式コンクリートダムである。

　1995.1.17の阪神・淡路大震災で漏水量が増えたので、堤体耐震補強工事、土砂浚渫工事を行い、2005年に完工した。

　堤高33.3m、堤頂長110.3m、有効貯水容量76万m^3で、建設当時は国内最大規模であり、現在も神戸市上水道の重要な水源として1.8万m^3/日（神戸市上水道の2.1％）を供給している。

　現在、布引五本松ダムは、国の重要文化財（登録有形文化財）をはじめ、「近代化遺産」「近代水道百選」に選定されている。

　布引五本松ダムの特徴は、堤体表面が、型枠に用いた切石（前面が方形状で、角錐形をした石）を残したことで石垣模様となり、特に上部は歯飾り（歯型の連続模様）となっており、ヨーロッパの古い城壁のような情緒を漂わる。また、堤体浸透水による揚圧力を防ぐため、堤体に内径3.8cmの鉄管を、縦横3m間隔で合計157本埋め込んでいる。

　堰堤中央部には、内径3mの半円筒状の取水塔があり、その内部に設置された12インチの取水管により4箇所（水深対応のため高さが異なる）から取水している。堰堤の底部中央には、導水・排水管の通路（縦横約3mのアーチ状）がある。

　布引五本松ダムへのアクセスは、布引ハーブ園のロープウェイ・風の丘中間駅、あるいはJR新神戸駅から布引渓流を通って行くのが近いが、布引五本松ダムの上部も含めて散策できるJR元町駅をスタートし、森林浴の森百選に選定されている再度谷川沿いに北上し、再度東谷を経て布引貯水池・布引五本松ダムを巡り、布引渓流を通ってJR神戸駅に至る約8.0kmのルートは、ブナ、ミズナラ等の天然林での森林浴、渓流美を楽しみながら散策できる。

再度谷川沿いの道は、毎日登山発祥の地として知られ、現在も多くの人が毎日登山を楽しんでいる。

布引渓流

猩々池

市ケ原

布引五本松ダム(下流側)

再度谷川の渓流

布引五本松ダム(上流側)

（4）新湊川水系／石井ダム（FR/G）・立ケ畑ダム（W/G）

　新湊川水系は、再度山を源流とし、神戸市北区の天王谷川、石井川、烏原川が合流して兵庫区で新湊川となった後、長田区の苅藻川と合流し、大阪湾に注ぐ、流域面積30km²、河川延長12km、流域人口20万人の二級河川である。

　新湊川流域は、宅地化が進み、たびたび水害が起こったことで、100年に1回程度の降雨（下流域での計画高水流量：410m³/秒）に対応できるように、河床掘削、高堤防、洪水調節池、ダム、菊水橋付近からの旧湊川流路の付け替えに伴って新湊川トンネル等の整備を行った。

　ここでは、高速長田駅で降車し、新湊川沿いを北東に進み、新湊川トンネル、菊水橋を経て、立ケ畑ダム、烏原貯水池、石井ダム、烏原川1-3号調節池を巡り、鈴蘭台駅を終点とするコースを紹介する。

　高速長田駅より北に進むと新湊川に至り、川沿いを3面コンクリート製で、高さ約7m程度、幅約10mの河道の中心を流れている水を眺めながら河床道を北東に進むと新湊川トンネル（長さ683.2m、直径約11mの馬蹄形）の吐口部のレンガ造りの坑門に至る。新湊川トンネル上の会下山（えげやま）公園を通り、神戸電鉄を横切ると呑口部のコンクリート造りの坑門に至る。2000年に新湊川トンネルが開通するに伴い、並行してある1901年に完成した日本発の地下トンネル・湊川隧道は廃道となったが、近代土木遺産として残されている。

　新湊川沿いを北東に進むと菊水橋に至り、北側は石井川が少しの傾斜で北に延び、東側より天王谷川が合流し、遠くに電波塔のある菊水山（458.8m）、鍋蓋山（486.1m）を眺望できる。

　石井川に沿って進むと、烏原貯水池東端の重力式コンクリートダム・立ケ畑ダム（堤高33.3m、堤頂長122.4m、総貯水容量124.8万m³）に至る。1905年設置の水道水専用ダムで、100年以上経過し、国の登録有形文化財に指定され、黒色に変色した肌を見ると歴史を感じる。

　烏原貯水池の北側の遊歩道を西に進んだ後、烏原川に沿って北上すると2008年設置の重力式コンクリートダム・石井ダム（堤高66.2m、堤頂長155m、総貯水容量220万m³）に至る。このダムは洪水調節を主

目的とするが、レクリエーションを目的に掲げている珍しいダムで、堤体に多目的ホールの設置、天端を展望台として開放している。

　石井ダム湖の西側を北上すると左手に大きな岩（妙号岩）があり、「南無阿弥陀仏」と蓮の花が彫られている。

　烏原川沿いの舗装を北上し、鈴蘭台駅を過ぎ、県道197号沿いの小部小学校傍の広場地下に1994年設置の1号調節池（容量:6,000m^3）、東小部公民館の少し北側の地上に1982年設置の2号調節池（容量:18,000m^3）、西小部大橋の傍の公園地下に2000年設置の3号調節池（容量:15,000m^3）を巡り、鈴蘭台駅に着く。

　新湊川水系は、河道断面積が小さく、流域の宅地化が進み、洪水調整施設を設けているが、現在の治水計画の元になっている基本高水流量520m^3/sを超えると水害が発生する可能性が高く、想定を超える豪雨が発生しないことを祈りたい。

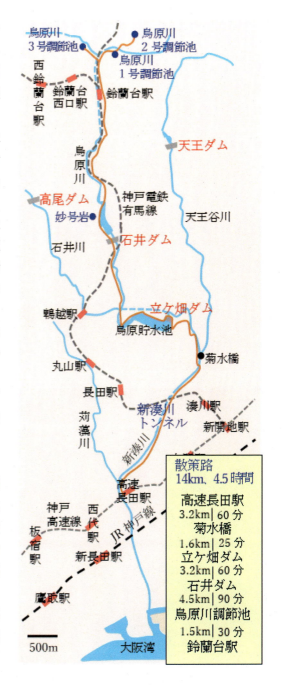

高速長田駅付近の新湊川
(河道沿いに遊歩道がある)

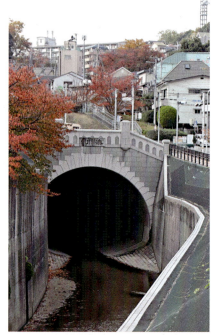
新湊川トンネル(呑口部)

新湊川トンネル(吐口部)

立ケ畑ダム

鳥原貯水池沿いの遊歩道

鳥原川沿いの遊歩道

石井ダム(上流部)

石井ダム(下流部)

烏原川3号調節池

烏原川1号調節池

烏原川2号調節池

(5) 猪名川水系／一庫ダム（FNW/G）

　一庫（ひとくら）ダムは、兵庫県川西市の猪名川流域（流域人口約60万人）の100年の一度の降水量（約250mm/日）に耐えうる洪水調節機能と上水道供給等を目的とし、猪名川水系の一庫大路次川を堰き止め、1983年に建設された重力式コンクリート製の多目的ダム（堤高75m、堤頂長285m、有効貯水容量3,080万m^3）である。

　ダムは上部に2門のクレストゲート（最大放流量890m^3/秒）、下部に2門のコンジットゲート（最大放流量650m^3/秒）がある。

　ダムは2000年以後一定量放流で運用され、流入量が150m^3/秒を超えると、コンジットゲートの開度調節で150m^3/秒の放流を行い、余剰量はダムに貯留される。2000年以後、貯水容量を超えたことがなく、洪水調節目的でクレストゲートからの放流が実施されたことはない。

　ダムの運用は、降水量の多い6/16〜10/15は、ダム水位を下げ、有効貯水容量の約57％を洪水調整に用いているが、それ以外の期間は約13％を洪水調整に用いている。また、ダム下流の河川でアユ等の魚類が住める環境を維持するために、時折コンジットゲートから放流を行い、河川の砂利、砂に付着した藻類の除去を行っている。

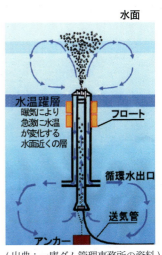

（出典：一庫ダム管理事務所の資料）
複合型曝気装置

　ダム運用後、貯水池にアオコ等の植物プランクトンが異常増殖し、下流の河川で悪臭が発生した。貯水池の浅層と深層を混合する複合型曝気装置2基が2012年に設置され、悪臭は治まったが、新たに池の表面にウキクサが発生するようになり、人力で定期的に除去している。

　ダム完成後は、ダムによって堰き止められてできた知明湖の傍に1998年、県立一庫公園が整備されるとともに、知明湖畔にキャンプ場ができる等で、集客力が向上し、人気のある観光地となっている。

一庫ダムへは、能勢電鉄の山下駅よりバスで行く。一庫ダムバス停で降り、約0.4km歩くと、一庫唐松公園があり、ダム堤体全体を見ることができる。堤体の西側の階段を上り、ダム内部の見学（事前予約）をした。エレベータで堤体の下部近くに行き、地震計、コンジットゲート、バルブ操作室等の説明を受けた。

　ダム見学後、知明湖沿いの道を時折、振り返りながら北に進み、さくら橋を渡り、車道を南に約500m進んだ後、北に進路を変え、一庫公園内を散策(約3km)後、長原バス停より、バスで山下駅に戻った。

曝気装置の頂部

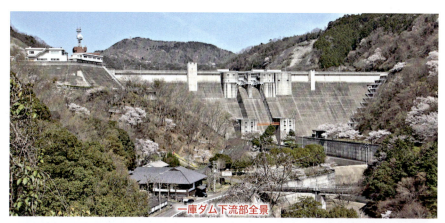
一庫ダム下流部全景

一庫ダム下流部

一庫ダム上流部

一庫公園・森の広場よりの眺望

一庫公園・デッキウォーク

知明山の山頂

天然記念物・エドヒガン

(6) 武庫川水系／千苅ダム（W/G）・川下川ダム（W/R）

　千苅ダム・川下川ダムは、神戸市北区の JR 福知山線の道場駅と武田尾駅間の武庫川水系にある。

　千苅ダムは、武庫川に注ぐ羽束川（はつかがわ）を堰き止めてできた千苅水源池の南端にあり、1919 年に完成した重力式粗石モルタル積ダム（堤高 42.4m、堤頂長 106.7m、有効貯水容量 1161 万 m^3）で、主に神戸市の水道水供給を目的とする。武庫川流域の 6-10 月の豪雨被害を防止するために、17 門のゲートを開けてダム水位を 1.5m 下げていたが、トンネル式放流設備（径 500mm、長さ約 100m）が、2022.5 月に完成したので、17 門ゲートからの放流は必要なくなった。

　水道水供給ラインは 2 本あり、1 本は羽束川と武庫川の合流地点近くにある千苅浄水場までの約 1km で、もう 1 本は西宮市仁川にある上ケ原浄水場までの約 15km である。2 本の水道水管で、神戸市の水道水源の約 13% に相当する 11.1 万 m^3/ 日を担っている。

　千苅ダムは、日本最古の 17 門のスライド式クレストゲートがあり、登録有形文化財、近代土木遺産、近代水道百選に選定されている。

　川下川ダムは、武庫川に注ぐ川下川を堰き止めてできた川下川貯水池の南端にあり、1977 年に完成したロックフィルダム（堤高 45m、堤頂長 261.8m、有効貯水容量 265 万 m^3）で、主に宝塚市の水道供給を目的とする。ダム完成前の水道水源は、逆瀬川や渓流水であり、フッ素濃度が最大で 3.2ppm あり、児童に多数の歯状歯がみられ、安全な水源確保が課題となっていた。水利権の調整に手間取ったが、川下川ダムの水利権を確保し、水のフッ素濃度が 0.4ppm 以下（水道水水質基準 0.8ppm 以下）と確認され、歯状歯問題は解消され、安全で安定な水源として使用されている。

　水道供給ラインは、ダムより宝塚市の惣川右岸にある惣川浄水場までのトンネル式水路による約 6.5km である。川下川ダムからの水道水源は、宝塚市の約 26% に相当する 1.8 万 m^3/ 日を担っている。

　なお、2 つのダムの間の武庫川に、貯留量 6.97m^3 の洪水調節用の遊水池がある。

千苅ダム・川下川ダムの見学は、JR宝塚線の道場駅よりスタートし、武田尾駅を終点とする約12.5kmのコースを徒歩で行う。

　道場駅より武庫川に沿って東に進み、千苅浄水場を過ぎたところで、北に進み、駐車場前の千苅貯水場（春の桜の時期は内部が一般開放される）の周りの細い道を北に進む。千苅ダム堤体前に千苅橋があり、その右前方に、水位調整と底層放流を兼ねた直径500mmのトンネル式放水路出口がある。千苅橋には登録有形文化財、近代土木遺産と記した銘板が設置してある。銘板の位置より千苅浄水場に送水するアーチ状送水管、その先に17門のクレストゲートを有し、100年以上経過したことで黒ずんだ堤体を見ることができる。堤体の左側の階段より上っていくと天端の東端に至るが、天端は通行止めになっているので、天端の東端より、ダムの上流部の眺望を楽しんだ。

　道場駅近くまで戻り、亀治橋を渡り、武庫川に沿って東に進むと、川の水位より約5m高い所に越流堰を有した約150m四角、高さ約3mの洪水調節用の遊水地（貯留量6.97万m³）がある。大雨時には約5mも水位が上がり、越流することがあると思うと驚きを感じる。

　武庫川は、1961.6月に発生した洪水時の流量3,510m³/秒に耐えうるように、河道掘削、堤防強化、遊水地の設置、青野ダム活用等の整備を進めており、遊水地はその一環で2018年に整備された。

　遊水地の西側の道を北に進み、武庫川を渡り、武庫川の北側を東に進み、道場トンネル口横で、川下川に沿って北に進むと堰堤の下に上ケ原浄水場への送水管が見え、さらに北に進むと今にも崩れそうな川下川ダム堤体の東端に至る。天端は通行止めになっているので、少し北に進み、ダム上流の景観を楽しんだ。

　ダムより道場トンネル口近くまで戻り、川下川を渡り、武庫川河川敷に出た。河川敷の岩を伝わり、約500mの難所を進んだ所に大岩があり、そこに備えられたロープを持って上に登り、海岸沿いの不鮮明な道を少し行くと、鮮明な道となり、渓流の流れや森林浴を楽しみながら武庫川の北側を東に進む。武田尾トンネル口より道が広くなり、より開放的な気分となって、森林浴を楽しみながら武田尾駅に至る。

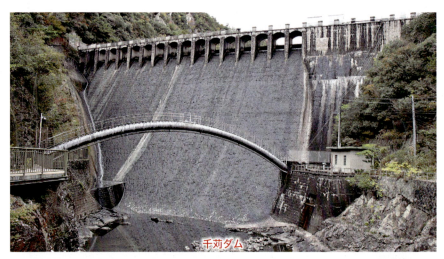

千苅ダム

洪水調節用の遊水池

洪水調節池〜川下川ダム間の武庫川景観

川下川ダム(上流部)

武庫川沿いの散策道の難所

第二武田尾トンネル南の
武庫川沿いの散策道

（7）西除川水系 / 狭山池ダム（FN/E）

大阪府は雨が比較的少なく、灌漑用水確保のため、古代より多くのため池が造られ、都道府県で第5位の約1.1万個あり、その代表格が狭山池である。

狭山池は、西除川と三津屋川との合流付近に堰を設けて造られた日本最古の土堰堤のダム式ため池である。奈良時代に編纂された日本書記、古事記にも登場し、奈良時代には行基、鎌倉時代には重源、江戸時代には豊臣秀頼の命を受けた片桐旦元が指揮をとって改修され、地域にとって重要なため池であったことが伺い知れる。

その後、1926-1931年、1988-2002年に、池底を3m掘削し、堤体を1mかさ上げし、灌漑用水、河川水の水量確保等としての280万 m^3 以外に、ため池より流出する西除川、東除川流域の水害防止のため、100万 m^3 の洪水調節容量が確保され、現在の均一型アースフィルダム（堤高18.5m、堤頂長997m、有効貯水容量280万 m^3）となった。また、池周囲に憩いの場として公園が整備され、発掘調査による出土遺物の展示や狭山池ダムの歴史を紹介する建築家・安藤忠雄氏設計の狭山池博物館が2001.3月に池の北側に設置された。

狭山池ダムは、南海線大阪狭山市駅の約400m西側にあり、一周2.85kmの散策路が設けてあり、近隣の多くの人が散策を楽しんでいる。

狭山池博物館周辺には、ソメイヨシノより少し早く咲く約1000本のコヒノヒガンが植栽され、3月末には多くの花見客で賑わう。また、冬季にはシギやカモ等が飛来し、春から秋にかけて池の西側のバタフライガーデンでは四季折々の花が咲き、多くの蝶が舞っている。

狭山池ダムの見所は、南側の西除川と三津屋川の流入口、東北側の東除川への洪水吐、西北側の西除川への洪水吐、取水塔（ため池の水位が下がった場合等に灌漑用の第一幹線水路に流出）、及び北側の均一型アースフィルダム（均一な土質材料を押し固めたダム）の堤体である。

なお、ダムカードは、狭山池博物館、富田林土木事務所で配布している。また、フラワー狭山池店（TEL 072-368-6668）では、ご飯で狭山池を形どったダムカレーを提供している。

博物館展示の北堤断面と木製の樋門・樋管

平成の改修で切り出された北堤の断面地層(奈良時代〜昭和の堤体が積層)とコウヤマキを用いた水を取り出す樋門と樋管

北堤と取水塔

東除常用洪水吐

西除常用洪水吐(手前側)と非常用洪水吐(奥側)

西除川流入口
ため池の30%程度は底が見え、渇水状態の様相

(8) 大和川水系 / 滝畑ダム（FNAW/G）

　一級河川大和川水系・石川ブロックは、葛城山系に源を発し、流路延長が約36.0km、流域面積が約222km^2、流域人口約45万人で南大阪最大の河川で、近鉄安堂駅近くで大和川に合流するまでに、天見川および佐備川、千早川、梅川、大乗川、飛鳥川の各支川が流入している。

　石川ブロックは、かってたびたび水害が起こったので、当面は石川本流で65mm/h、支川で50-80mm/hの降雨でも床下浸水を防ぐために河道拡幅、河床掘削、堤防嵩上げ・強化等の整備が進められている一方、石川上流部に石川ブロックの洪水調節、灌漑用水及び水道用水の確保等を目的として、1981年に補助多目的ダムで、大阪府内最大の曲線重力式コンクリートダムである滝畑ダム（堤高62m、堤頂長120.5m、有効貯総容量801.8万m^3）が建設された。ダム周辺には遊歩道やキャンプ場が整備され、奥河内の行楽地のひとつとなっている。

　滝畑ダム堤体の上流部には半円形の常用洪水吐が1門、その上に六角形を半分に切った形の非常用洪水吐が2門ある。堤体下流部の中心の下部に常用洪水吐の流出口、側面に河川維持用水等の流出口があり、減勢工を経て、石川に放流されている。

　滝畑ダムの散策は、近鉄河内長野駅よりバスで滝尻口まで行き、ダム堤体を見学後、ダム湖の西側に沿って進み、滝畑四十八滝の御光滝で折り返し、滝畑バス停より、近鉄河内長野駅に戻るコースとした。

　滝畑ダムの下流部は樹木で覆われ、全貌が見えにくく、樹木を伐採して広場とすれば、より人気が高まるように感じた。ダム上流部は、満水未満であったので、半円形の常用洪水吐への越流は見られなかったが、堤体下流部側面の流出口から勢いよく水が流れていた。

　堤体の下流側西方向の岸壁には、仏教への信仰が深かった長野郵便局長を務められた夏目庄吉氏が6年の歳月をかけて1931年に完成した地蔵菩薩（輪郭がわかる程度）、その右に観音菩薩（不鮮明）の二体の磨崖仏が鎮座していた。

　ダム湖の西側の車道に沿って南下し、石川に沿った車道を南に進んでいくと、光滝寺があり、その傍に落差15m程度の細い稚児滝を見

ることができる。車道を南に進んでいき、光滝寺キャンプ場に行くゲートを越えて川沿いの遊歩道を進むと、神秘的な森を背景に落差10m程度で、V字のように流れる分岐瀑・光滝がある。林道に出て、荒滝キャンプ場を過ぎ、林道より少し南に入ったところに落差10m程度の分岐瀑・荒滝があり、さらに川沿いの林道を西に進んでいくと、長さ7m程度の渓流瀑・ノリ滝があり、その先に落差15m程度の分岐瀑・御光滝がある。開けた林道を進むので、森林浴にはやや物足りない。

　御光滝で折り返し、通った道を進み、滝畑バス停より、近鉄河内長野駅に戻った。

湖畔公園からのダム上流部眺望

ダム上流部
中心の半円形物が常用洪水吐で、
その上の左右にあるのが非常用洪水吐

地蔵菩薩
観音菩薩
摩崖仏

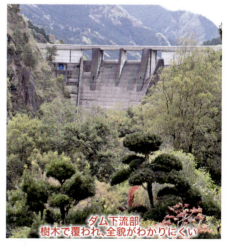
ダム下流部
樹木で覆われ、全貌がわかりにくい

(9) 宇治川水系 / 天ケ瀬ダム（FNW/G）・水力発電所

　一級河川淀川水系宇治川が流れる京都府宇治市は、たびたび浸水被害があり、特に1953.9月の台風13号による200mmを超える降雨量（9/22～9/26の合計）で、甚大な被害を受けた。

　そこで、1953.9月の降雨量にも耐えうる宇治川の治水機能強化等のため、1964年にアーチ式コンクリート製の天ケ瀬ダム（堤高73m、堤頂長254m、有効貯水量2,000万m³）を完成させた。

　天ケ瀬ダムには、放流設備として、堤体上部に非常用洪水吐であるクレストゲート4門、堤体下部に常用洪水吐であるコンジットゲート3門あるが、さらに、ダムの放水量を増大させ、治水機能強化等のために、全国でも2例目となるダムに沿ったトンネル式放流路（内径10.3m、長さ617m）を2023.3月に完成。トンネル式放流路の設置により、ダムの放流量は、900m³/秒より、600m³/秒増加し、1500m³/秒となることで、上流の滋賀県、下流の京都市の治水機能強化等を図ることができる。

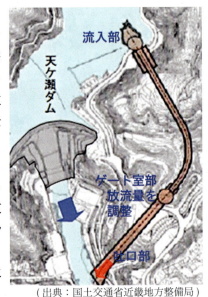

（出典：国土交通省近畿地方整備局）
トンネル式放流路

　天ケ瀬ダムは、治水・利水を担う多目的ダムであり、大雨時には有効貯水容量2,000万m³を治水に用い、通常時は、有効貯水容量の26%に当たる521万m³を発電に、11%に当たる214万m³を水道に用いる運用となっている。

　天ケ瀬ダムには、ダムより内径約5m、長さ276.72mの水圧鉄管で水を導き、1964年完成した関西電力が運用しているダム式の天ケ瀬水力発電所（水量186.14m³/秒、落差57.1m、最大出力9.2万kW）がある。出力が全国第二位のデリア水車（可変翼の斜流水車）、2台を設置していることを特徴とする。

天ケ瀬ダム・水力発電所の見学は、JR宇治駅を拠点とする。JR宇治駅より北東に進み、宇治橋の北の宇治川右岸の「お茶と宇治の町歴史公園」内の太閤堤跡を見学後、宇治川に沿って南東に進み、本殿（国宝）が平安時代後期に建てられ、神社建築としては現存最古の宇治上神社に立ち寄った。その後、源氏物語の宇治十帖の舞台となり、世界遺産となっている平等院の鳳凰堂、観音堂、庭園等を華やかな藤原摂関時代をしのびながら巡り、宇治川に沿って南東に進み、天ケ瀬ダム・発電所を見学し、天ケ瀬森林公園を巡った後、宇治川の南を北西に進み、JR宇治駅に戻った。「お茶と宇治の町歴史公園」内の太閤堤跡は、豊臣秀吉が1594年の伏見城築城の際、宇治川の水運を便利にするために城の南をいくつも流れる宇治川の流路を一本とするために行った堤防群である。2007年からの宅地整備に伴う発掘調査で、宇治橋の北の宇治川右岸に長さ400mに渡って、石積の護岸、杭止め護岸、水の勢いを弱めるための石出し、杭出しが見つかり、国の史跡に指定され、整備を行なわれた。また、太閤堤は、江戸時代中期以降に埋没し、その跡地に茶畑が営まれた。太閤堤跡と茶畑一帯は、整備され、2021.10月にお茶と宇治の町歴史公園としてオープンした。

　お茶と宇治の町歴史公園を見学し、源氏物語ミュージアム、宇治上神社に立ち寄った後、宇治川に浮かぶ宇治公園の塔ノ島、橘島を経て、平等院鳳凰堂の南門より入り、平安時代の1052年に関白藤原頼道によって開かれた平等院、その翌年に建立された豪華絢爛の世界遺産である鳳凰堂を見学後、正門より退出し、宇治川の南側を南東に進み、天ケ瀬ダムに向かった。白虹橋に至ると、トンネル式放水路の吐口部、天ケ瀬ダムのアーチ状の堤体、4門のクレストゲート、3門のオリフィスゲートを見ることができる。さらに東に進むと、水力発電所の放流口があり、勢いよく水が流れていた。放流口のすぐ傍に発電所建屋があり、水車のゴーという音が聞こえるが、建屋周辺に水圧鉄管は見当たらず、おそらく地下より発電所建屋に入っているのだろう。

　発電所建屋傍からは、ダム堤体全体をまじかに見ることができ、堤体の大きさ（堤高73m、堤頂長254m）、形状、ゲートの大きさ（ク

レストゲート1門の寸法10×4.357m、コンジットゲート1門の寸法3.42×4.56m）を目の当たりにすることができる。

　発電所建屋を後にし、天端傍のダム管理事務所に立ち寄り、ダムカードを入手後、天端を歩き、ダム展望台より、ダムの上流側を眺望する。鳳凰湖の堤体よりの南側に、発電の取水口、トンネル式放水路の流入部を見ることができる。トンネル式放水路は、ダム完成後に設置されたもので、なぜ、ダム建設時に洪水調節できる放流量を十分に検討し、ゲートからの放流量を多くできなかったのか疑問が残る。

　ダム展望台の少し先の憩いの広場より天ケ瀬森林公園に入り、3kmの森林体験コースを歩き、森林浴を楽しんだ。

　帰路は、JR宇治駅に向かった。なお、JR宇治駅の西約1kmに林田自転車商会（TEL 0774-21-3240）があり、レンタサイクルで巡ることもできる。

太閤堤跡

宇治上神社の本殿

平等院鳳凰堂

天ケ瀬ダム下流部

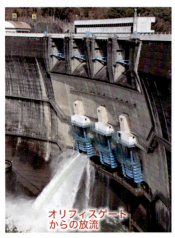
オリフィスゲートからの放流

天ケ瀬ダム上流部

天ケ瀬森林公園の槇尾山林道沿いの自由広場

(10) 桂川水系／日吉ダム（FNW/G）

　日吉ダムは、京都府南丹市日吉町の桂川を堰き止めてできた天若湖の西端にあり、1998年に完成した重力式多目的ダムである。

　日吉町は、ダムにより約200世帯近くが水没するので、ダム計画が発表された1961年より建設に強固に反対した。建設省とダム・ダム湖を地域活性化の要として、ダム内部見学施設、ダム周辺に複合温泉施設、キャンプ場、広場等を設置することで、1984年に合意した。現在、年間約50万人が訪れる人気スポットになっている。

　日吉ダムは、地域に開かれた近畿で最大規模の重力式コンクリートダム（堤高67.4m、堤頂長438m、有効貯水容量5800万m^3）である。上部に4門の非常用洪水吐（最大放流量3,100m^3/秒）、下部に2門の常用洪水吐（最大放流量500m^3/秒）、堤体より少し先に河川維持用の放出口2つ（最大放流量55m^3/秒）を備え、治水・利水対応に備えている。

　管理用発電として、850kWの発電設備（落差35m、水量3m^3/秒、フランシス式水車）を有している。洪水調節として、ダムへの流入量が150m^3/秒を超えると、150m^3/秒の放流を行う。また、主に京都市へ、水道水用として、最大5m^3/秒を供給している。さらに、天若湖には水質保全のため、複合型曝気装置2基が設置されている。

　ダム堤体の内部見学が自由にできるインフォギャラリーがあり、日本初の試みとして注目されている。また、防災資料館（ビジターセンター）を併設しており、水の役割、ダムの概要等をパネル、映像、模型等で学習することができる。さらに、複合温泉施設のある道の駅スプリングひよし、広場は、多くの人の憩いの場となっている。

　天若湖は、つり場としても人気があるとともに、2000.4月に開園され、面積が128haの府民の森ひよし（スチールの森京都）が隣接しており、森林浴を楽しみながら自然を満喫できる。なお、道の駅内のレストランのダムをイメージしたダムカレーは人気がある。

　日吉ダムの見学は、日吉駅をスタートし、

日吉ダムカレー

道の駅スプリングスひよしを目指した。

　道の駅に着き、日吉温泉に通じる橋を渡ると広場があり、ダム堤体、4門の非常用洪水吐、円形橋等をまじかに見ることができる。

　ダム堤体の左側にあるインフォギャラリー入口より、堤体内部に入り、1Fのダム建設ゾーン、ダム管理ゾーン、常用洪水吐用ゲート見学室を見て回った後、エレベータで2Fに上り、展望テラスよりダム下流の眺望を楽しんだ。次に3Fに上り、天端を歩いてダム管理事務所に向かい、ダムカードを入手した。

　天端を西に進み、ビジターセンターに立ち寄り、水の役割、日吉ダムについて、パネル、映像、模型等で学習した。

　天若湖畔を進み、府民の森ひよしの散策の森で森林浴を楽しみ、森の広場の森遊館で森のはたらき等を学習し、道の駅でダムカレーを食べながら休息した後、日吉駅に戻った。

ダム堤体の下流部
上部に非常用洪水吐4門、中間に空気穴2つ、下部に常用洪水吐2門、
側部に河川維持用流出口、発電用水放水口を有する

ダム堤体の上流部
左端に河川維持・発電用の選択取水設備、その横に非常用洪水吐
ゲート4門、その間に常用洪水吐点検時用の予備ゲート2門を有する

ダム堤体内部のインフォギャラリー
ダムの現状等を示すパネルや常用洪水吐ゲートを見学できる

ダム堤体下流部に広がるスプリングスパーク

府民の森ひよしの観察の森(山桜の並木道)

(11) 野洲川水系 / 青土ダム（FNWI/R）

　野洲川は鈴鹿山脈の御在所岳（1209m）を源とし、琵琶湖に注ぐ最長（65.25km）で、流域面積387km²、流域人口約34万人の一級河川である。

　野洲川はかってたびたび水害があったことより、上流域に治水を兼ねた野洲川ダム（1951年）、青土（おおづち）ダム（1988年）を設置するとともに、河口より約5kmより2つに分けれていた川の間に放水路を1979年に完成させ、現在、水害を防ぐことができている。

　青土ダムは、野洲川を滋賀県甲賀市で堰き止めて設置されたロックフィル式の多目的ダム（堤高43.5m、堤頂長360m、有効貯水容量660万m³（洪水調節容量410万m³、利水容量250万m³））である。野洲川の中・上流部の洪水被害の軽減、甲賀市への上水道の供給、湖南工業地帯への工業用水の供給、河川流量の維持の他、河川維持放流を利用して最大250kWの管理用電力の発電を行うことを目的としている。

　このダムの特徴は個性的な形状の洪水吐である。常用洪水吐は直径が30mの半円形の自然越流式クレストゲート2門とラジアルゲート1門で構成されており、2つの自然越流式洪水吐に水が吸い込まれてゆく様はまるで巨大なアリ地獄の様相である。また、常用洪水吐の上部に四角形の非常用洪水吐であるクレストゲートが2門ある。洪水吐からの流出水は、幅約25mの減勢工を通じて野洲川に放流されている。

　利水のための取水が堤体の少し南の取水塔から、約8m³/秒採取され、その内2m³/秒を用いてダム管理用として堤体内部の設備で発電され、取水量のすべてが堤体の少し下流の放水路より放流されている。

　ダム周辺には、ダム公園、展望広場、多目的広場、およびオートキャンプ場、バーベキュー広場、釣り桟橋、オフロードバギー広場、変形自転車広場等より構成されるレクリエーション施設・青土ダムエコーバレイ/ブルーリバーパークが整備されている。

　青土ダムへのアクセスは、自家用車以外として、JR草津線の貴生川駅からバス利用も可能であるが、便数が非常に少ないので、貴生川駅からタクシーを利用するか、レンタカーを利用するのが便利である。

青土ダムの散策は、堤体下流のダム公園付近よりスタートし、展望公園、天端を経て、ダム管理事務所で、ダムカードを取得し、ダム湖の南側を東に進み、鮎河橋を渡り、ダム湖の北側を西に進みダム公園に戻る約7kmとするか、浮桟橋（現在通行不可）付近でUターンする約4kmのコースが考えられる。なお、青土ダムより約7km上流の野洲川沿いにある大河原温泉かもしか荘で青土ダムカレーが味わえる。

ダム下流部と放水口

常用洪水吐(下部)と非常用洪水吐(上部)

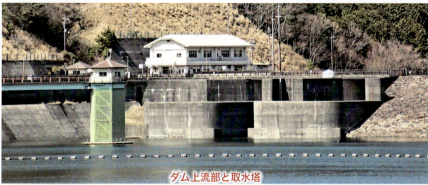
ダム上流部と取水塔

エコーバレイのバーベキュー広場

ブルーリバーパーク眺望

7.4 河川の治水施設

　地球温暖化の影響等により、地域、季節により降水量が大きく変動し、さらに、都市化等の進展により、洪水調節・浸透機能を有する農地の減少、森林荒廃による涵養力低下の進行、および経済性を重視した合流式下水処理（大雨時には内水氾濫しやすい）が、多くの都市（人口比で 13%、政令都市で約 40%、東京都で約 80%）で採用され、洪水や渇水の被害が頻発している。

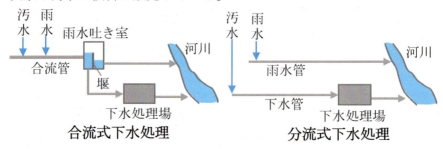

　そこで、全国で約 35,500 ある河川（一級河川＋二級河川＋準用河川）の治水対策として、50-100 年に一度の確率で発生する流域の雨量を 50-100mm/h 程度として、雨水対応施設整備、河川改修等より、次のことが実施されている。
①雨水対応施設整備
　〇合流式下水処理の改善
　　　合流式下水処理は、大雨時に内水氾濫の危険性が高いので、汚水が混じった水を一時新たに設置した調節池、あるいは地下の貯留槽に貯留後、大雨が治まったら、未処理で河川に放流、あるいは下水処理場に送水して処理を行って河川に放流、さらに下水処理場の沈砂池を大雨前に空にし、大雨時に沈砂池に貯留する等が実施されている。しかしながら、根本的な改善策とされる分流式下水処理（下水と雨水を別の管で送水）への移行は進んでいない。

○雨水調節池、浸透桝の設置
・雨水水路の水位が高くなると越流して水を貯留する地下貯留槽を公園、運動場等に設置
・各戸、あるいは地域毎の排水溝に雨水浸透桝の設置（集水面積 約100m²/個）

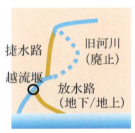

排水溝対応の雨水浸透桝図

②河川改修
○水を安全に流す
・河床の掘削、河道の拡幅
・放水路（地上/地下）の設置、捷水路とする（蛇行部を直線とする）、水路の付け替え（流れを人工的に変える改修）
・引堤(ひきてい)（堤防を引き、河道を拡大）
・分流（合流する複数河川を堤防で分離）
・堤防の強化
堤防嵩上げ。堤防護岸をコンクリートブロック等で強化。堤防下部にドレーン設置堤防として、住宅地よりも高い築造構造と住宅地と同じ高さの掘込構造がある。

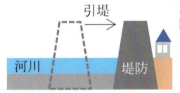

○水を貯める
・ダムの築造、ダム高を上げる（貯水量拡大）
・遊水地（洪水調節地）の設置
　河川水位が高くなると越流して水を貯留
・地下貯留槽の設置
　河川水位が高くなると越流して水を貯留する地下の貯留槽

201

③特定地域を守る

河川流域の広域を対象とした治水対策は、土地利用に影響が及ぶとともに、工期が長くなり、多大な費用を要するので、特定地域を守る治水対策の実施

- 輪中堤（わちゅうてい）
  密集する宅地を堤防で囲む
- 宅地の嵩上げ、住宅の高床化、耐水化
- 田んぼダム（田んぼを仕切って貯留）

宅地の輪中堤、嵩上げ

④災害に備える

ハザードマップ作成、水位計・監視カメラの設置、防災無線整備、防災学習・訓練の実施等

従来、河川の洪水を防ぐため、上流にダムを造って水を貯めたり、河床を掘削したり、河道を拡幅したり、高堤防としたりして水を安全に流すことを実施してきたが、十分な対処ができなくなった。

そこで、都市部を中心として、1970年頃より、水を安全に流すための放水路、河川の付け替え、捷水路、水を貯めるための多目的公園（平常時は公園、豪雨時は遊水池）等が建設されてきたが、十分に対応できないため、地下に貯留槽、放水路、河川等が建設されている。

一方、最近、土地の所有権が及ばない大深度地下（40m以上）を活用し、東京、大阪等で大規模な地下貯留槽が建設されている。

地下50mに2002年に建設された首都圏外郭放水路（総貯水量：16万m^3）は、中小河川の洪水を延長6.3km、直径約10mのトンネルで連結した直径30m、深さ60mの5本の巨大立坑に一時貯留し、江戸川に放流する世界最大級の地下河川方式の貯留を兼ねた放水路である。

大阪府では、地下70mに直径約10mのトンネルで連結した立杭に雨水、河川水を一時貯留し、河川に放流する寝屋川北部地下河川（総貯水量：62万m^3）と南部地下河川（総貯水量：79万m^3）を建設中である。

多目的公園は、都市化の進んだ地域で、地上に広大な土地の確保が難しく、寝屋川緑地公園（大阪府）、打上川治水緑地（大阪府）、鶴見

川多目的遊水地（横浜市）等、設置しているところが限定される。
　さらに、2021.5月成立した流域治水関連法により、地域治水の考えが強調された。すなわち、気候変動の影響により頻発・激甚化する水害に対し、河川流域のあらゆる関係者（国、県、市町村、企業、住民）が協働し、地域の有する農地、運動場・駐車場の地下等の活用、ダムの事前放流等にて水害を軽減することを目指すものである。
　しかしながら、この法では地域特性を踏まえた具体的な対応、災害に強い住宅設置等が織り込まれておらず、河川の源流域・上流域の森林の治水力の向上対策が不十分であること、堤防を高くすることで景観が悪くなり、越流による流速・流量が増すこと、大部分が地下に施設をつくること等により、地震に対する備え、維持管理、憩える空間づくり等に課題を有し、恒久的な治水対策となるかについては、今後検証していく必要があると考える。

(出典・国土交通省の流域治水の基本的な考え方の資料)
流域治水のイメージ図

住宅・ビルが密集した中流域、下流域で多くが実施され、住宅が少ないこと等で上流域、源流域では対策が不十分である。

　源流域の河川は天然状態の河岸、上流域の河川は掘込河道が多く、普段は河川の景観を楽しむことができるが、大雨になると、すぐに水位が上がり、河岸・護岸を越流する危険性が大きい。河川の水位が下がれば、冠水が早くなくなるが、洪水が起こりやすいことによる不安がつきまとう。中流域、下流域の河川は、築堤河道が多く、河川の景観を楽しむことができない。また、ある程度の降雨でも堤防を越流しないように対策が講じられているが、越流すると堤防内側が洗掘して決壊する危険性があり、絶対的な安心感はない。さらに、河川の水位が下がっても長く冠水があり、普及までには時間を要する問題点がある。

　また、河川の源流域、上流域は、森林環境であり、森林の治水対策についても河川整備と一体で強化していく必要があり、次の森林の治水対策が実施されている。

　　・治山ダムを強化し、流木、土砂の流失を抑制
　　・適正な間伐、針広混合林の推進にて、森林内を明るくして、光環境を改善させることで、林床植物の生育促進を図り、土壌の強度、保水性を向上

　しかしながら、森林面積は多く、治水対策が講じられるのは、森林環境が河川の中流域、下流域に流木、土砂による甚大な被害を及ぼした場合に限定されることがほとんどである。

　河川の治水対応機能を有した設備は、高堤防等で河川環境を楽しむことを奪い、普段は田畑や公園とて使用されたり、地下にあるために、気づいたり、目に触れることがなく、多くの人たちの関心が低く、見学等の広報活動も限定される。

　ここでは、河川の治水対応の知識を深め、有効性を認識し、居住地での安心・安全に役立てるために、河川流域の散策を兼ね、河川状況、地域状況を踏まえた関西・岡山県の河川の対応の異なる治水施設（地下貯留槽、遊水地、放水路、捷水路、水路付け替え、雨水の調節池、貯留浸透施設、雨水浸透桝、輪中堤、宅地嵩上げ等）について紹介する。

7.4.1 水を安全に流す

(1) 七瀬川の二層式河川（京都府）

七瀬川は、京都市南東部の伏見地区にある大岩山（標高182m）を源流として東西に流れ、淀川水系東高瀬川に合流するまでの全長約4km（法定河川長は深草谷口町からの約2.9km）の河川である。

七瀬川は、河川幅が狭く、暗渠部があるので、浸水被害がたびたび発生したので、1992年より河川改修事業を始め、2020年度に小久保町の越後橋より高瀬川に合流するまでの約950mが全国で2例目となる二層式河川として整備された。整備された二層式河川は、通常時は上部がせせらぎ河川となって遊歩道が整備され、大雨時に下部に水が流れる構造である。

（出典：京都市情報館HP）
二層式河川イメージ図

また、より治水対策を強化するために、JR奈良線付近の河川の河道拡幅、河床掘削が2012年に実施されたともに、深草大亀谷東久宝寺町に2023.4月に遊水地（面積3080m^2、深さ4.7m、貯留量1.1万m^3）が整備された。

七瀬川の治水施設の見学は、JR藤森駅よりスタートした。深草谷口町バス停前の幅2m程度の蛇行部をほぼ直線に付け替えた七瀬川沿いに遊水地が整備されていた。2023.4月以降は、一部が公園として、大雨時に全面が遊水地として供用される。

七瀬川に沿って西に進み、JR奈良線付近の蛇行部の河川改修（河道拡幅、河床掘削）後の状況、幅12m程度の琵琶湖疏水の下をトンネル式水路でくぐっている状況を確認した。

小久保町の越後橋付近より二層式河川となっていた。通常は堰を操作して浄化設備を経て上部河川に導き、せせらぎ河川として人々が楽しめるように遊歩道が整備されていた。大雨時は堰を操作して下部河川に流れるようになっている。

せせらぎ河川に沿って散策を楽しみながら進んだが、横断する道路でたびたび遊歩道が途切れるので、安心安全な散策ができるように、地下に歩道を設けるか、橋で連結できればと考える。
　東高瀬川への放流は、下部河川が中心で仕切られた長方形水路より行われ、上部河川がその横の小さな長方形水路より行われていた。見学後、近鉄線・伏見駅より帰路に就いた。

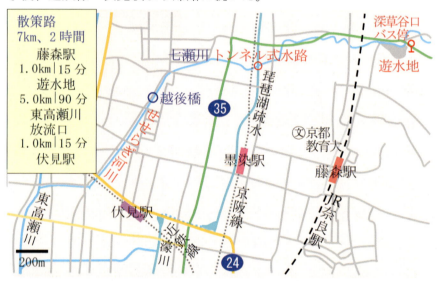

東久宝寺町に整備された遊水地

七瀬川からの流入部

遊水地から七瀬川への放流部

琵琶湖疏水下の七瀬川トンネル式水路

七瀬川が二層式となる分岐点

七瀬川上部のせせらぎ河川

七瀬川から東高瀬川への放流部

(2) 大和川河道・護岸整備

大和川は、奈良県、京都府、三重県にまたがる標高 400-500m の高原状山地である笠置山地を源流とし、初瀬川、佐治川、寺川、飛鳥川、曽我川、富雄川等と合流しながら西に流れ、亀の瀬狭窄部を通り、石川と合流後、1704 年の付け替え事業で 90 度西に曲げられ、西進して大阪湾に注ぐ長さ 68km、流域面積 1,070km^2、流域人口約 215 万人の一級河川である。

現在の大和川は、中流域（初瀬川と佐治川合流部〜石川との合流部まで）に亀の瀬狭窄部があり、狭窄部の地すべりや、蛇行部、河川合流部等の堤防決壊等による水害がたびたび起こった。

大和川の治水事業は、まず狭窄部の地すべり防止対策が実施され、2010 年に完了した。その後、不安定な地盤の狭窄部開削を行わないで、上流域と下流域との治水安全度のバランスを確保しながら、基準点柏原の計画高水流量を 4,800m^3/ 秒として整備が進められている。

上流域では、水を安全に流すための河道整備（拡幅、掘削）、護岸整備を行うとともに、水を貯めるための流域治水（水田貯留、ため池活用、雨水貯留浸透施設の設置等）を組み合わせた整備が行なわれている。

中流域では、河道掘削、護岸整備に重点がおきながら、寺川、飛鳥川、曽我川の合流部付近に 5 ケ所の遊水地（合計で約 100 万 m^3）の整備が進められている。また、下水の高度処理、堰等による水の浄化が行われ、BOD が河川環境基準の C 類型（3-5mg/L）を満足している。

下流域では、護岸整備、河道掘削、高規格堤防（スーパー堤防とも言う）の整備、高水敷域に市民の憩いの場としての公園、テニスコート、運動場等の整備が進んでいる。

大和川の中流部の治水状況を知るために、JR 法隆寺駅よりスタートし、徒歩、自転車で、富雄川、大和川に沿って馬場尻橋まで南西に進んだ後、西に進み、遊水地、築堤、堤防浸透・浸食対策、河道掘削された場所、亀の瀬狭窄部等を巡り、JR 柏原駅より帰路に就いた。

大和川、寺川、飛鳥川の合流部付近は、治水強化のため、2003 年に捷水路が直線化され、窪田地区、保田地区の 2 ケ所の遊水地整備

が2024年度に完了予定で進められていた。

　三郷駅付近では、水位計、カメラによる河川監視状況、護岸強化整備状況を見て回り、日本遺産の龍田古道を通り、亀の瀬に進んだ。

　亀の瀬では、歴史資料館で地すべりの歴史や対策工事のパネル、排水トンネルの見学をした。亀の瀬狭窄部の影響による水害を防止するために、亀の瀬より上流域では水量、水流を抑える対策工事を行い、亀の瀬では地すべり防止のための排水対策の強化が進められていた。

　柏原駅南の大和川では、新大和橋南の付け替え事業300周年記念碑、堤防浸透・浸食対策をした護岸、巨石等で瀬、淵を形成させて水を浄化する施設、河川状況を監視するカメラ、水位計等を見て回った。

　築堤構造護岸（住宅地域は護岸より低い）、河道掘削・拡幅、遊水地による河川治水整備であるので、遊水地が溢れ、護岸が決壊すれば、住宅地域は浸水するので、さらなる対策として、透水性舗装等による土地の浸透性拡大、住宅の嵩上げ、耐水構造を有した住宅等による流域治水の整備強化が望ましいが、そのような整備はなされていなかった。したがって、ハザードマップ等で居住地の安全状況、避難タイミング、夜間・日中の避難方法・経路・避難場所等のソフト面での治水対策の強化が望まれる。

散策路
（徒歩＋自転車）
約22km、約5時間
法隆寺駅
3km ｜ 50 分
遊水地
9km ｜ 120 分
亀の瀬
8km ｜ 100 分
新大井橋
2km ｜ 30 分
柏原駅

209

整備中の窪田遊水池

整備中の保田遊水池

亀の瀬狭窄部

亀の瀬地すべり域(亀の瀬地すべり歴史資料館展示写真より転用)

亀の瀬排水トンネル内部

河内橋近くの水位観測所、水位計

新大和橋近くの付け替え300周年記念碑

河内橋上流の整備された護岸、巨石等による水浄化施設

（3）塩屋谷川地下放水路

　神戸市の総延長 3.46km の二級河川・塩屋谷川流域は、たびたび洪水被害が発生していたが、川沿いに家屋が密集し、河道拡幅等の改修が難しい場所であった。そこで、鉢伏山西麓を貫通する長さ 1,442m の地下トンネル放水路工事を 1982 年着工し、1988 年に完成した。

　塩屋谷川放水路は、塩屋谷川より越流堰を超えた水を JR 塩屋駅北約 1.5km の地点に設置した広さ 600m^2 程度の沈砂池に引き込み、沈砂と流木止めを行った後、6.4 × 6.4m の馬蹄形トンネルを経て、放水口より大阪湾に放流する地下水路である。

　呑口部の沈砂池は、塩屋谷川の水位が 10cm 程度高くなると、越流堰より水が越流し、沈殿により砂を除去し、2m 間隔、直径約 50cm、長さ約 6m のパイプ、約 50 本のコの字形流木止めで大きな流木をせき止め、トンネルより海岸近くの吐口部に導き、大阪湾に放流する。

　塩屋谷川放水路の特徴は、呑口部に沈砂と流木止めを設けていること、山麓部地下に放流トンネルを設けていることである。

　塩屋谷川放水路の散策は、JR 塩屋駅をスタートし、塩屋谷川沿いに北上した。沈砂池までの塩屋谷川は、効率よく水を流すための三面コンクリートで、幅約 5 m の中心部の幅約 2m に水が流れており、典型的な都市河川の様相を示していた。下代公園近くに沈砂池があり、周囲を巡って見学した。沈砂池は、通常水がなく、草が茂っており、維持管理には、草等の定期的な除去が必要であると感じた。

　沈砂池より上部の塩屋谷川は、幅約 5m に水が流れており、沈砂池の下流とは様相が異なっていた。第二神明道路近くでUターンし、塩屋住宅街を経て、地下トンネル上の山麓を森林浴を楽しみながら南下し、国道 2 号線を東に進み、塩屋海岸に降り、放水口、さらに放水口から 5m 程度奥までを見学した。放水口は海砂利で狭くなっており、定期的な海砂撤去が必要と感じた。

　なお、地下トンネル上の山麓は、須磨浦公園の鉢伏山、旗振山のハイキングコースとなっており、多くの人がハイキングを楽しんでいた。

塩屋駅近くの塩屋谷川

213

沈砂池付近の塩屋谷川

沈砂池
流木止めとして直径約50cm、長さ約6mの
パイプを約50本、コの字形に配置

沈砂池上流の塩屋谷川

大阪湾に注ぐ放水口

（4）都賀川河道・護岸整備

　二級河川・都賀川水系は、上流域の六甲山麓を源とする六甲川と摩耶山麓を源とする杣谷川（そまだにがわ）が阪急神戸線付近で合流して、中流域の都賀川となって南東方向に流れ、感潮部の都賀川の下流域を経て大阪湾に流れ込む流域面積 8.57km^2、流域人口 1.4 万人、流路延長（六甲川源流域～都賀川流出口）約 6.5km の河川である。

　阪急神戸線付近の六甲川、杣谷川は、三面コンクリート張りで、親水施設がない幅 10m 内外の単調な河川であるが、都賀川は流路延長約 1.8km に渡って、過去の水害による被害、ゴミやヘドロでどぶ川となったことを教訓として、官民一体となって洪水対策のみならず、生物の生息環境、アユの遡上環境、子供達の水遊び場、市民の憩いの場としての親水機能等に配慮して河道、河道周辺が整備された。

　洪水対策として、中流域の西灘橋での基本高水ピーク流量を240m^3/ 秒（降水量 90mm/h に相当）とし、河道拡幅（11 → 16 〜18m）、河床掘削、河道直線化、護岸の石積み、河床コンクリート張り等の改修が行われる一方、親水機能として河道に沿った公園、河道内に散策路、スロープ、階段が設けられ、魚道機能を持たせるための帯工、落差工等も整備された。さらに、2020.7.28 の突発的・局所的な集中豪雨による急激な水位上昇で、子供等が 5 人死亡する水難事故があり、河川は楽しみの場である一方、危険な場であるとの啓発活動によって甲橋付近等に監視カメラ、回転式警報灯、非常用の案内板等が設置された。

　なお、1976 年に市民団体「都賀川を守ろう会」が結成され、継続して、自治体に要望を行ったり、都賀川の清掃活動、子供を対象とした環境学習活動が実施されている。

　都賀川の散策は、阪急六甲駅よりスタートした。阪急線路に沿って西に進み、六甲川と杣谷川の合流付近を散策した後、合流部より都賀川を南下し、大阪湾に流れ込むまでを散策した。

　都賀川は、河道幅 16m 内外で、河道には石が敷き詰められ、中心部に大部分は幅 2m ぐらい、所々で幅 10m 程度に水が流れ、10-15m

間隔で帯工、落差工が設けられている。

　水難事故のあった甲橋〜篠原橋付近では沈痛な面持ちで周囲を注意深く観察した。甲橋付近は水が流れている幅が広くなり、子供の水遊び場となっており、河川状況をモニタリングするための監視カメラ、安全対策のための回転式警報灯、電子掲示板等が設置してある。

　河道に設けられた散策路を南下し、子供達が水遊び・魚とりを楽しんでいる様子を眺めたり、所々にあるスロープ、階段を上下して河道に整備された都賀川公園や河川敷で散策を楽しんでいる人達と行き交いながら河川環境を楽しんだ。

　都賀川は自然石を活用して整備されており、河川というよりも、水の流れる修景施設のように感じた。

　下流域の沢の鶴資料館に立ち寄った後、大阪湾に流れ込む所まで行き、来た道の反対側を北に進み、阪神大石駅より帰路に就いた。

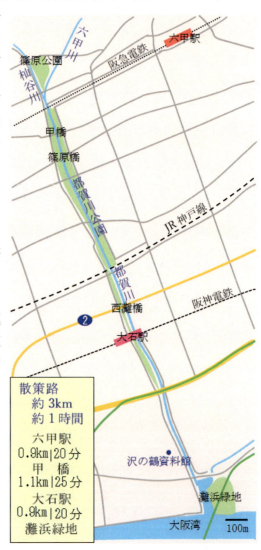

甲橋付近の河川状況 / 回転式警報灯 / 拡大

大石駅付近の都賀川公園と河川状況

大石駅から下流方面の眺望

大阪湾への流出口付近の状況

（5）武庫川河道・護岸整備

　武庫川は、篠山市真南条にある愛宕山（648m）付近を源とし、45の支川、小支川と合流しながら、篠山市、三田市、神戸市、西宮市、宝塚市、伊丹市、尼崎市、および大阪府能勢町を流れ、大阪湾に注ぐ二級河川である。JR南矢代駅近くから大阪湾までの幹線流路延長65.7km、流域面積約500km^2、流域人口約140万人で、そのうち約100万人が氾濫区域の住宅街に居住している。

　JR南矢代駅近く（真南条川と田松川の合流点）より北が源流部、JR道場駅近くの羽束川との合流点までが上流域（約33km）、JR生瀬駅近くの名塩川との合流点までが中流域（約12km）、大阪湾までが下流域（約20km）である。

　通称暴れ川と言われる武庫川の治水対策は、戦後最大の1961.6.24〜6.27の水害（3日間の総雨量472.1mm、1時間当たりの最高雨量44.7mm（6/27）、死者26名、被災家屋2万戸）を教訓とし、雨水を安全に流下させ、越流水を貯め、災害に備えるために、次の目標を定め、河床掘削、築堤、護岸整備に重点を置きながら、河道拡幅、洪水調節施設整備、流域整備、減災対策等が実施されている。

武庫川水系の整備目標流量

対策内容	当面の目標	最終目標
総合治水対策(下流域の甲武橋基準)	3510m^3/秒	4690m^3/秒
河道対策(河床掘削、築堤等)	3200m^3/秒	3700m^3/秒
洪水調節施設の整備(ダム、遊水池)	280m^3/秒	910m^3/秒
流域整備(雨水貯留池の整備)	30m^3/秒	80m^3/秒
減災対策(水害リスク認識向上、水防体制強化、的確な避難啓発等)		

（当面の目標は2030年、最終目標は未確定）

　上流域〜下流域の上部では、景観等を重視し、住宅地と同じ高さの堀込構造による護岸強化がなされ、下流域の下部から河口までは洪水対策、高潮・津波対策を重視し、景観を犠牲として住宅地よりも高い築堤構造とし、特に河口から2.5km程度までは、住宅、工場等が集積しているので、河床からの堤防高さを約7mとしている。

武庫川流域において、上流域では愛宕山、有馬富士のハイキング、中流域では廃線跡ハイキング、下流域では広い高水域に整備された公園、緑地、散策道等でウォーキング、ジョギング、サイクリング、花見等を楽しむことができる。

　ここでは、下流域の河川整備状況を見ながら整備された高水敷で散策を楽しむために、阪急逆瀬川駅よりスタートし、堀込構造の護岸で囲まれた高水敷の散策道を歩き、甲武橋付近より築造構造の護岸で囲まれた高水敷の散策道を歩いて河口までを紹介する。

　阪急逆瀬川駅より逆瀬川に沿って北に進んだ後、武庫川の右岸の高水敷に設けられた散策道を歩いて景観を楽しみながら南下した。

　堀込構造の護岸間隔が約200mで、その中心付近に水が流れており、河床掘削し、床止め（河川を横断し、河床の洗掘、沈下を防ぐ設備）付近では幅100m程度に水が流れている。高水敷にはグランド、テニスコート等が設置されている。護岸近くには住宅、ビル、学校等が隣接し、大雨で水が堤防を越流すると大水害となることを痛感した。

　仁川と合流近くに、サイクリングロード起点があり、河口近くまで約8km続いている。また、明治42年（1909年）まで船による川渡が行われていた所に「髭の渡し跡」の遺構があった。

　甲武橋の南の床止め付近に監視カメラ、リードスイッチ式水位計が設置され、オンラインで確認できるようになっている。

　甲武橋より住宅地が護岸より低い築造構造護岸の間隔が約300mに広がり、その後徐々に狭まり河口近くでは約250mとなっている。

　甲武橋付近より阪急武庫川駅近くまでの高水敷に多くのグランド等が設置されている。また、阪急神戸線の北側の日野レストエリアには江戸時代の石柱の「水位計」の遺構がある。さらに、JR甲子園口近くの河川敷より約500mに渡って「ふるさと桜づつみ回廊」があり、春に花見を楽しむことができる。

　南武橋付近から河口までの感潮域は、道路より2m程度高い護岸で囲われ、高水敷もほとんどなくなり、河川環境が殺風景となる。河口より淡路島方向の景観を楽しみ、阪神武庫川団地前駅より帰路に就いた。

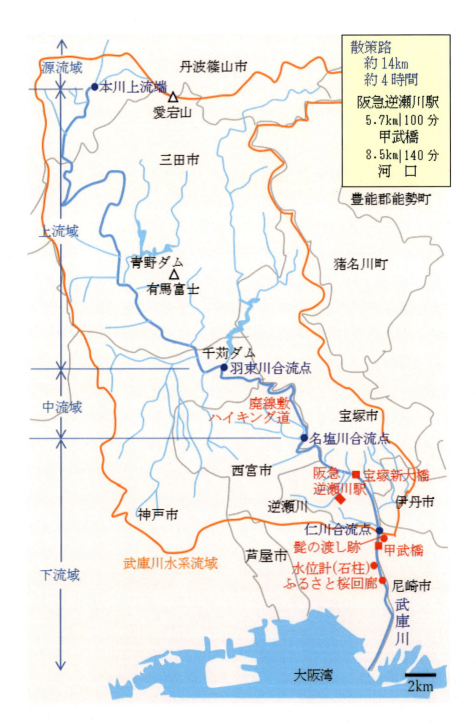

宝塚新大橋から北側の眺望

宝塚新大橋から北側の眺望

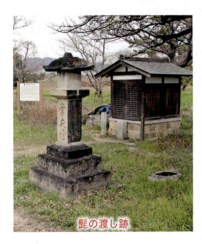
髭の渡し跡

リードスイッチ式水位計

江戸時代の水位計

河床掘削

ふるさと桜回廊

護岸工事

仁川との合流以後の築造構造護岸

感潮部の護岸

(6) 猪名川捷水路

　猪名川は、猪名川町柏原の大野山（標高 753.5m）を源流とし、42 本の支川と合流しながら南下し、神崎川と合流するまでの長さ 43.2km、流域面積 383km²、流域人口約 180 万人の水道用水、灌漑用水等に利用されている淀川水系の一級河川である。

　1938.7 月の阪神大水害で大きな水害を受けたことを契機として、1940 年より河川改修工事が始められた。戸ノ内地区〜利倉地区の蛇行水路を捷水路(直線水路)とする工事が 1969 年に完成した。その後、河道の開削、堤防の拡築、多目的ダム・一庫ダムの築造（1982 年完成）等が行われ、2300m³/ 秒の流量を安全に流下できるようになった。

　猪名川は上流域が渓流の様相を示し、淵、瀬、河畔林があり、自然河川に近い状態である。中流域は川幅が広くなり、河岸段丘を形成し、淵、瀬があり、ネザサ、ケネザサが繁茂し、オイカワ、カワムツ等の魚が生息している。下流域は三面張りの矩形断面の河道となり、単調で多様性に欠けるが、散策できる遊歩道が整備されている。

　戸ノ内地区〜利倉地区の猪名川捷水路の散策は、阪急神戸線の園田駅を拠点とする。園田駅を北上し、利倉地区の旧猪名川の湾曲部が埋め立てられてできた猪名川公園・猪名川風致公園に向かう。同公園は、エノキ、ムクノキ、クスノキ、タブノキ等の照葉樹が茂り、木陰の道を気持ちよく散策できる憩いの場として整備された。猪名川公園に利権富池があり、旧猪名川の名残を感じる。

　猪名川公園より、猪名川の西岸を南下し、利倉橋を渡り、猪名川の東岸を南下していくと戸ノ内地区の湾曲部の始まりの跡地に築造された尼崎北部浄化センターに至る。尼崎北部浄化センター東側の旧猪名川の埋立て跡地を南下していくと新豊島川と中央幹線景観水路が流入して少し広くなっている所に至る。名神高速道路と交わる所まで中央幹線景観水路を散策後、旧猪名川の東岸を南下した。

　旧猪名川河口のバックウォータ防止用の水門、水門を閉じた際の排水を担う排水機場を見た後、新たに開削された猪名川に沿って北上し、戸ノ内橋を渡り、藻川に沿って北西に進んで園田駅に戻る。

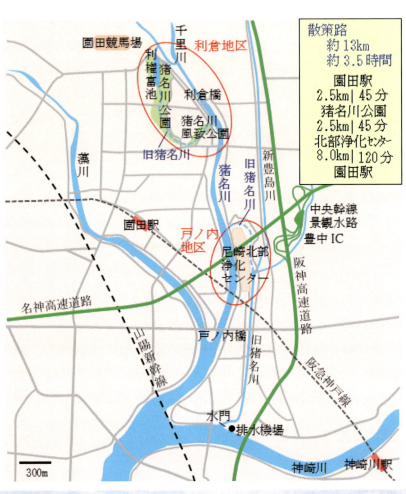

戸ノ内地区の猪名川
(左側の森が旧猪名川の埋立地)

利倉地区の猪名川
(左側奥の森が旧猪名川の埋立地)

猪名川公園の散策路

猪名川公園

利権富池

中央幹線路(左)、新豊島川(手前)、
旧猪名川(奥)の合流部

(7) 旭川放水路（百間川）

　岡山県を流れる一級河川・旭川は、吉井川、高梁川と並び、岡山三大河川の一つである。

　旭川は、蒜山高原を源流とし、岡山市で百間川を分流し、児島湾に注ぐ、長さ142km、流域人口約34万人の河川である。

　1600年代前半、岡山城主・宇喜多秀家は、岡山城防御のため、旭川の流路を北寄りから東寄りに蛇行させた。このことによって、岡山城下ではたびたび洪水に見舞われた。

　1600年代後半、岡山藩藩主・池田光政に仕えていた陽明学者・熊沢蕃山が「川除への法」（旭川の水位が一定値を超えると、越流堰（荒手堰）を越えて百間川に流入）を考案し、郡代・津田永忠に命じ、百間川を開削し、3段の荒手により水流を弱めながら旭川の氾濫を防ぐ、長さ12.9km、幅約200mの放水路を築造した。

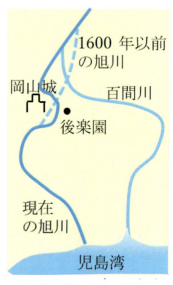

旭川の昔と現在の流路

　しかしながら、百間川の分流量が不足し、旭川はたびたび氾したので、明治以後、百間川の分流部を拡大し、川底の開削、高堤防の設置、河口部に海水の流入防止、洪水調整のために水門を設置した。また、1988年に荒手の一部が破損したので、改修を行い、2017年に完成した。これらのこと

1600年後半の旭川の流路

により、2018年.7月の西日本豪雨に対しても旭川の氾濫を防いだ。

　現在の荒手は、旭川との分流部に一の荒手、それより少し下流に二の荒手がある。百間川は普段は水がほとんど流れておらず、河川敷には公園、運動場、テニスコート等が整備されている。

　散策は、JR西川原駅をスタートし、旭川に沿って約1km北上すると中島竹田橋の傍に二の荒手がある。二の荒手は長さが百間(約180m)で、川の名前の由来にもなっている。一の荒手を越えてきた土砂を止めるほか、水の勢いを緩和して氾濫を抑える役目がある。老朽化していたが、遺構としての保存も考慮し、石積みを残すように改築された。

　一の荒手は、旭川に沿って二の荒手より約1km北上した旭川と中原川の合流部にある。一の荒手は、全長約180mあり、両端に長さ22m、高さ4.5mの石で敷き詰められた巻石部がある。巻石部の間は旭川の通常水位よりも高く、巻石部よりもかなり低くなっており、旭川の水位が高くなると低い部分より越流する構造である。

一の荒手(左が旭川、右が百間川)

一の荒手(左が百間川、右が旭川)

越流堰以後の百間川

二の荒手

（8）小田川の水路付け替え

　2018.7月に西日本を中心として発生した西日本豪雨は、死者224名、家屋損壊22,001棟、家屋浸水28,469棟の甚大な被害を広範囲に引き起こした。特に、岡山県倉敷市真備地区では、2日間の降雨量が225mmに達し、小田川の流れが高梁川の増水に伴って堰き止められてバックウォーター現象が発生し、越水により堤防の外側が削られ、高梁川との合流付近の小田川、小田川の支流である高馬川、末政川、真谷川で夜間に決壊し、真備地区だけで死者61名、全戸数の約65％に当たる約5,700棟余りが全壊・半壊の被害を受けた。浸水深さは5mを超え、死亡者のほとんどは水死で、屋内の1階で発見された。

　真備地域で浸水被害が大きくなったのは、1990年代に小田川沿いに鉄道、道路が整備され、利便性のよい小田川沿いに一般住宅が増え、田畑減少による治水機能の低下、河川の治水強化の不備、及び高梁川上流の新成羽川ダムの緊急放流等が起因したと考えられる。

2018.7月の西日本豪雨による倉敷市真備町地区の浸水状況

　この災害を受け、国、岡山県、倉敷市は、真備地区の小田川流域の

治水緊急対策プロジェクトを立ち上げ、高梁川との合流近くの矢形橋での計画高水流量を 1,400m³/ 秒とし、小田川の水路付け替え事業（小田川の流れが柳井原貯水池を通る流路とし、高梁川との合流位置を約 4.6km 下流に付け替える）、小田川の堤防拡幅による強化事業、高馬川、末政川、真谷川の堤防嵩上げによる強化事業等を開始し、2023 年度に完成を目指して工事を進めている。

　小田川等の治水施設の見学は、2023 年春に行った。山陽本線・西阿知駅より堅盤谷まで乗り合いタクシーで行き、水路の付け替えが行われた柳井原貯水池域を経て、井原鉄道・川辺宿駅に向かった。その後、西に進み、小田川、及び小田川の支流である末政川、高馬川、内山谷川、背谷川沿いを進み、備中呉妹駅より帰路に就いた。

　小田川が高梁川と合流する位置を約 4.6km 下流に付け替える工事は、大がかりである。まず、戦国時代に毛利氏が築いた南山城跡（標高 67m の丘陵地）を削り取り、小田川の流れを分離するための堤防を築き、柳井原貯水池までの水路、柳井原貯水池から倉敷大橋近くで高梁川と合流するまでの水路を設ける工事が進められていた。

　南山山城跡から備中呉妹駅までの約 7.5km の小田川は、河道掘削、堤防拡幅（天端幅 5m → 7m）等の強化工事が進められていた。

　また、小田川の支川である真谷川、高馬川、末政川、内山谷川、背谷川の下流域では築造構造護岸（住宅地域が護岸よりも低い）による堤防強化、堤防嵩上げ、河道掘削等による強化工事が進められていた。

　水害被害より約 4 年経った街は、一時 250 世帯余り居住した仮設住宅は撤去されたが、費用面で新築平屋、空き地が多くあり、河川治水整備に重点が置かれ、災害に強い街としての復興に疑問を感じた。

　現在の治水工事は、西日本豪雨級に耐えうるように河川の治水強化を重視した事業が進められているが、河川が氾濫すると、街はすぐに浸水するので、工事後のハザードマップ等で居住地の安全状況、夜間・日中の避難方法・避難経路・場所等のソフト面での治水対策の強化が望まれる。また、治水強化工事で、流域の景観が損なわれ、河川のビオトープ環境も失われ、殺伐とした景観となったことは残念である。

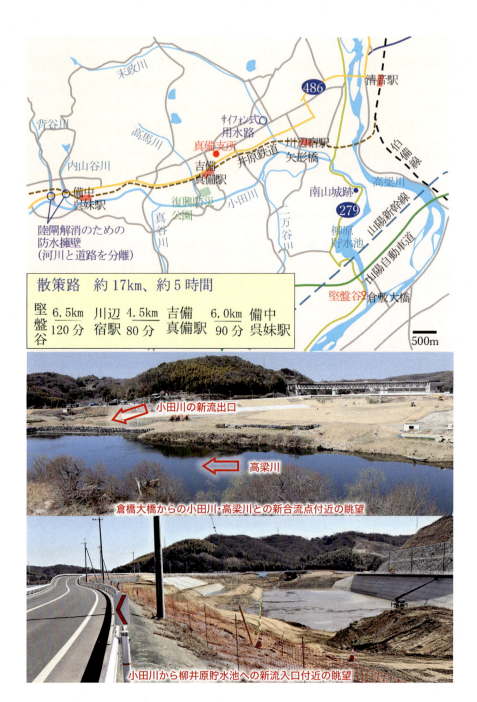

築造構造護岸による末政川の整備状況

末政川に設置されたサイフォン式用水路

築造構造護岸による高馬川の整備状況

内山谷川に整備された陸閘解消のための防水擁壁

真備支所に設置された平成30年7月豪雨災害の碑

平成三十年七月五日から七日にかけ、西日本を中心に記録的な大雨となった。倉敷市では、二日間で年間降水量の約三割の雨が降り、六日夜には初となる大雨特別警報が発表された。

ここ真備地区では、高梁川水系の小田川及びその支川である末政川、高馬川、真谷川の八箇所で堤防が決壊、小田川、大武谷川の七箇所で一部損壊・損傷し、真備地区の約三割、千二百ヘクタールが浸水、その深さは約五メートルにも及んだ。この災害により、六十名を超える尊い命が失われ、五千七百棟超の住宅が全壊・大規模半壊し、二千三百名を超える住民が、自衛隊、消防、警察等によって屋根から救助されるなど、市はじまって以来の未曾有の大災害となった。

碑裏側に刻まれた文書の一部

浸水深さ約5mに達した吉備真備駅前に建設された箭田南災害公営住宅

7.4.2 水を貯める

(1) 寝屋川流域治水施設

大阪府寝屋川市の一級河川・淀川水系の寝屋川流域は、東は生駒山地、西は上町台地、北は淀川、し南は大和川に囲まれた流域面積 267.6km^2、流域人口 283 万人の大阪府東北部の中核都市である。

寝屋川流域は、約 3/4 が河川の水面よりも低く、都市化により雨が地面に浸透しにくいので、河川の氾濫、下水道の内水氾濫がたびたびあり、多くの家屋等の浸水被害が継続的に発生している。特に、近年 100mm/h 内外の局地的豪雨により、浸水被害が拡大している。

そこで、寝屋川流域では、流域の基本高水ピーク流量（洪水を防止できる最大流量）を 2700m^3/秒(流域降水量が約 100mm/h に相当)として、河川の河道整備（河道拡幅、河床掘削、護岸強化等）、越流水の貯留（遊水地）、汚水が混じった合流式下水道からの雨水貯留（調節池、地下河川）、住宅地の雨水溝からの越流水の貯留（調節池）等より構成される治水施設について、次に示す配分を行い、洪水防止対策を進めている。

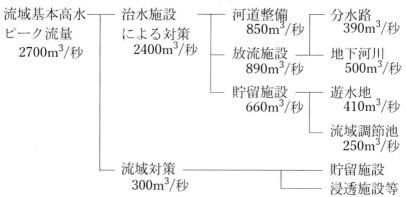

寝屋川北部地下河川は、地上からの 6 つの立坑より雨水、河川水を取水し、立抗と連結する地下約 70m に敷設された径約 5-11.5m、総延長約 14.3km の円筒状パイプ内に約 68 万 m^3 を一時貯水し、大雨が治まった時点で、ポンプを用いて大川に放流することで、洪水を未然防止する施設である。この地下河川で、寝屋川流域基本高水ピー

ク流量の約 10％を担っている。寝屋川南部地下河川は、地下約 20m に直径 6.9-9.8m、長さ 13.4km のトンネル（調整池）といくつかの立坑を組み合わせ、79 万 m^3 の雨水を一時貯留し、排水能力 180m^3/秒のポンプを用いて木津川に放流するものである。

　ここでは、寝屋川の越流水を貯留する寝屋川深北緑地、合流式下水道からの汚水が混じった雨水を貯留する松原南調節池を紹介する。

寝屋川水系の治水対策

①寝屋川深北緑地

　JR四条畷駅近くにある寝屋川深北緑地は、通常は公園として利用され、大雨時は寝屋川流域の基本高水ピーク流量の約5％の治水を担う。

　東西500m、南北900m、貯留面積が50.3ha、貯留量が146万m³で、Aゾーン、Bゾーン、Cゾーンに区分けされている。Aゾーンは3年に一度の大雨対応、Aゾーン＋Bゾーンは10年に一度の大雨対応、Aゾーン〜Cゾーンは50年に一度の大雨対応が想定されている。

　大雨で寝屋川の水位上昇時には、Aゾーンの周囲より一部低くなった堤防（越流堰）より越流してきた水をAゾーン（貯留量：42.5万m³）に貯留し、Aゾーンが一杯になれば、Aゾーンの北のBゾーン（貯留量：51.3万m3）に貯留し、Bゾーンが一杯になればAゾーンの東のCゾーン（貯留量：52.2万m³）に貯留し、洪水被害を防ぐ施設である。降雨が落ち着くと排水門より寝屋川に排出される。

　1982年以後、20回程度湛水し、1999、2004年にCゾーンまで湛水したが、寝屋川の氾濫は防ぐことができた。

寝屋川深北緑地の概略図

寝屋川からの越流堰(右側)

緑地大橋から北側眺望

Aゾーンの北側眺望

排水門

江蝉川からの越流堰

BゾーンとCゾーン間の越流堰

②花園多目的遊水地・松原南調節池

花園多目的遊水地・松原南調節池は、寝屋川流域南部の治水の一端を担っている。

花園多目的遊水地は、普段は公園として利用し、大雨時に恩智川より越流した水を一時貯留する地上に設置された施設である（面積14.1ha、貯留量32万m^3）。A、B、Cゾーンの3つより構成され、恩智川の越流堰よりまずAゾーンに流入し、次いでBゾーン、Cゾーンに流入し、大雨が治まれば、Aゾーンの東端にある排水門より恩智川に放流される。最大流入量は50m^3/秒であるので、約1.8時間で満水となり、大雨が長く続くとこの施設の洪水対応が不十分となる。

松原南調節池は、新池島町周辺約200ha地域の合流式下水管から新池島ポンプ場に集水され、雨水吐き室の堰をオーバーフローした水がポンプ場よりに送水されて一時貯留する地下に設置された施設である（体積約8.3万m^3の内、約40％の3.3万m^3を貯留、大きさ106.6×41.6×18.7m）。大雨が治まれば、排水ポンプで恩智川に放流される。

近鉄・東花園駅より北に約700m歩き、花園多目的遊水地を見学した。遊水地の面積、貯留量より、最大貯留深さは約2.3mとなるので、高さ2.5m程度の2段土手で囲まれている。各ゾーンには越流堰（排水門）があり、Aゾーン→Bゾーン→Cゾーンと流入するようになっている。過去に十回以上貯留され、最大14.2万m^3貯留（満水の約45％）され、寝屋川南部流域の洪水を防止した。排水後は泥等が溜まるので、適宜清掃するようであり、維持管理は大変な負荷を伴うことを痛感した。

松原南調節池は、見学会に参加し、地下の施設内部を見学した。直径90cm程度の直方体のコンクリート製支柱が約3m間隔で縦、横に張り巡らされており、空間部は狭く感じた。調整池体積の約40％しか貯水できないので、もっと貯留水占有率を高める工夫が必要と感じた。さらに、地下であるのは、地上に必要な容量が確保できない、地上施設の有効利用、悪臭拡散防止等の観点より、貯留水占有率が低い、

高コストの地下としているようである。また、排水後の泥等の処理は、適宜行っているようであるが、地下施設ゆえに大変と感じた。

合流式下水道のため、大雨時の備えのために地下調節池の設置が必要と考えられ、過去の経済性重視施策のツケがまわってきたと考える。

寝屋川流域に現在、地下調節池は23ケ所設置してあるが、寝屋川流域全体（267.6km^2）をカバーするには、100ケ所以上必要である。この施設で、大雨時の越流水対応を確実にできるとはとても考えられない。自然現象（大雨）を人工物のみで応するのは無理があり、道路、駐車場を透水性にする、地下の不飽和帯水層に送水する等の自然現象のしくみを取り入れた施策を積極的に講じるべきと考える。

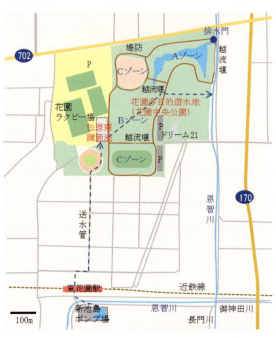

花園多目的遊水地の恩智川からの越流堰と排水門

BゾーンとCゾーン(野球場)間の越流堰、排水門

Aゾーン東方面の眺望

新池島ポンプ場から松原東調節池への流入部

松原東調節池の内部

241

(2) 木津川水系 / 上野遊水地（三重県）

　三重県伊賀市の岩倉峡では木津川の幅が 60m と狭く、その上流部にあたる 3 つの河川（木津川、服部川、拓殖川）の合流部でたびたび浸水被害が発生していた。

　伊賀市上野地区住民らは、浸水被害防止のため、岩倉峡の開削を要望したが、岩倉峡下流での浸水被害が起こるとして国土交通省近畿地方整備局は反対した。

　住民らと近畿地方整備局との協議の結果、過去最大の浸水被害があった 1953.9 月の台風 13 号の降雨量（約 150mm）にも耐えうる治水対策として、次のことを 1963 年に合意した。

　　・木津川上流に洪水調節容量 1,440 万 m³ の川上ダムを建設する。
　　・河川の合流部の河道を掘削するとともに、合流部付近の田畑を
　　　大雨時に湛水量 900 万 m³ の遊水地とする。

　上野遊水地は、田畑を高さ約 9m の土造りの堤防で囲んだ 4 つの遊水地より構成される。長田遊水地（面積 55.1ha、湛水量 172 万 m³）、木興遊水地（面積 70ha、湛水量 242 万 m³）、新居遊水地（面積 61.2ha、湛水量 206 万 m³）、小田遊水地（面積 62.2ha、湛水量 280 万 m³）より構成され、大雨時に河川水位が上がった時、堤防より約 5m 低い遊水地の越流部より流入し、減勢池で水の勢いを弱めて遊水地に貯留し、大雨が治まった時に、排水門より木津川に放流される。

　遊水地の工事は、1969 年に始まり、46 年の歳月をかけ、2015 年に完成した。川上ダムは、2004 年に完成予定であったが、ダムの必要性、補償問題等で、長らく休止していたが、2018.9 月に工事が始まり、2023.3 月に完成した。

　2018.9 月の台風 21 号において、上野地区は 3 日間で約 55mm の降雨があり、上野遊水池は 600 万 m³ 湛水（総灌水量の約 70%）し、上野地区の浸水被害を防止することができた。

　しかしながら、降水量が 100mm を超えると上野遊水地の湛水量では浸水被害を防止できず、川上ダムとセットでの対応が必要となり、川上ダム完成により、浸水被害が起こる可能性は低減されると考える。

上野遊水地の散策は、JR伊賀上野駅よりスタートする。伊賀上野駅の南側の河川沿いは、田畑が広がっており、田畑を高さ約9mの土造りの堤防で、4つの遊水地を囲んでいる。各遊水地には、幅100m程度の越流堤と径間10m前後の排水門、複数の径間2m前後の樋門（灌漑用／洪水調節用が別々にある）、一部の遊水地に陸閘（道路に設置した門で、洪水時に閉じる）があり、田畑と堤防、コンクリート製の越流堰、排水門、樋門等が田園風景に溶け込み、違和感を感じなかった。
　稲の収穫期に大雨となると、遊水地がいっぱいとなり、稲は処分することになる。
　4つの遊水地を巡り、上田城を経て、伊賀上野駅より帰路に就いた。

243

小田遊水地の越流堤
長さ130m、最低部高さ約4m

遊水地(普段は農地) / 減勢池 / 越流 / 木津川

小田排水門
径間16m、扉高9.9m

小田遊水地の
兵ケ上3号樋門(灌漑用)

小田遊水地の
小田第一排水樋門(洪水調節用)

小田陸閘
径間4.5m、扉高4.0m

新長田橋からの木津川南側の眺望
幅約200mあり、普段は河道の
一部に水が流れている

上田城

遊水地
(普段は農地)

ヤギによる堤防除草

7.4.3 特定地域を守る

（1）長良川・揖斐川水系の輪中堤

　岐阜県の木曽三川（木曽川，長良川，揖斐川）の下流の濃尾平野では、新田開発とともに、洪水対策として分流（3つの河川を堤防で分離）を柱とし、特定地域を対象とした輪中堤（特定地域を洪水氾濫から守るために、敷地を堤防で囲む）が全国に先駆けて進められた。

　岐阜県安八郡輪之内地区等の未開拓地は草原、湿地であり、大雨で揖斐川・長良川がたびたび氾濫し、一面浸水する被害にあっていた。

　荒地を農地とするために、美濃国代官・岡田善同は、農民を指導して開拓を進めるともに、治水対策として輪中堤を 1625 年頃に築いた。

　さらに、薩摩藩家老・平田靱負（ひらたゆきえ）による宝暦治水（1754-1755 年）、オランダ人技師・デレーテによる木曽三川の分流を主とした明治治水（1877-1912 年）を経て、ほぼ現在の姿となった。

　時代が流れ、輪之内地区等は、都市化が進み、かっての輪中堤は、取り壊されたり、削り取られて低くなったところが多くなった。

　輪之内地区・福束輪中堤北端の本戸輪中堤（十連坊）は、かっての状態で残り、近年の浸水被害を防ぐのに役立ち、国土交通省より 2018 年に輪中堤による浸水被害軽減地区として全国に先駆けて指定された。

　揖斐川・長良川水系の輪中堤の見学は、大垣駅よりバスに乗り、中郷バス停で降り、福束輪中堤を主に見学後、福束バス停より、大垣駅に戻り、帰路に就いた。

　中郷バス停より東に進み、点在する水屋（浸水に備えて高さ 5m 程度の台座上に築かれた倉庫）、基壇（高さ 3m 程度の家屋用台座）、神明神社の助命木を見学後、少し南下して大樽川（おおぐれかわ）に沿った高さ 5m 程度の大樽川輪中堤を東に進み、長良川護岸に至った所で、かっての輪中堤が強化され、上部が県道 23 号線となった堤防を北上した。

　長良川大橋手前で西に曲がり、本戸輪中堤に入ってしばらくすると高さ 4m、幅 5m 程度の陸閘、さらに西に進むと県道 219 号線と交わる所に同じような陸閘があった。

246

西に進んでいくと、堤防の両側に多くの桜が植樹されており、揖斐川の護岸近くまで約1.5km続いていた。また、本戸輪中堤の中間近くの中将姫公園にあじさいが多くあり、そこより堤防の両側にあじさいが植樹されており、6月中旬に彩られた景色を見ながら散策を楽しむことができる。さらに西に進むと、県道220号線と交差する所に陸閘があり、堤防の終点近くに揖斐川より灌漑用水を取水する福束揚水機場があった。かっての輪中堤が強化された堤防上の道路より揖斐川の景観を楽しみながら南下し、福束バス停より、大垣駅に戻った。

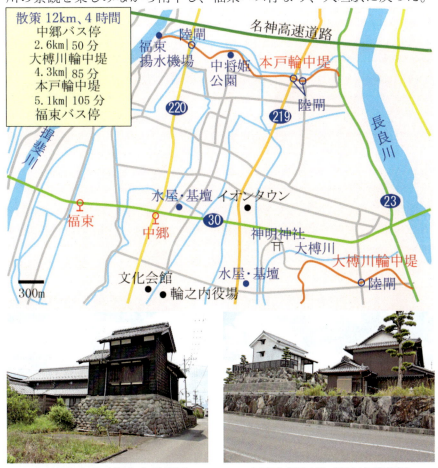

水屋(右側倉庫)、基壇(左側建屋)　　水屋(左側倉庫)、基壇(右側建屋)

247

神明神社の助命木
浸水時に登って助命

大榑川輪中堤

大榑川輪中堤の陸閘

長良川沿いの福束輪中堤

本戸輪中堤

本戸輪中堤の陸閘

あじさいが咲く本戸輪中堤

（2）由良川流域の輪中堤・宅地嵩上げ

由良川は、京都府南丹市の三国岳（標高959m）を源として西流し、福知山市内で土師川と合流して北上し、日本海に注ぐ、幹川流路延長146km、流域面積1880km²、流域人口約36万人の一級河川である。

由良川は、上流部で勾配が急で流れが速いが、中下流部で川幅が広く、勾配が緩くて流れが遅くなる地形により、中下流域で水が溜まりやすくなってたびたび洪水が起こっていた。

そこで、2004年より、流域治水事業として、計画高水流量を5600m³/秒（福知山寺地区を基準）とし、中流域は連続堤整備、河道掘削等を行い、下流部は蛇行部の山麓に住宅が点在していることで、浸水被害が大きい地区を対象とし、関西地域では珍しい住宅を堤防で囲む輪中堤、宅地の嵩上げが実施されている。

整備場所の見学は、丹後鉄道・下天津駅で降りて、駅前の宅地嵩上げ地区と公庄駅～大江駅間の輪中堤地区の2ケ所で行った。

下天津駅より南に少し進むと、地域全体でなく、新規に築かれた高さ2m程度嵩上げされた所と輪中堤に囲まれた国道175号沿いの場所に住宅が10戸程度あったが、道路と輪中堤との締め切りが不十分で、氾濫した水が浸入する住宅があるように感じた。それ以外の所は、個別に2m程度の石造りの台座の上にほとんどの住宅が建てられていた。

少し東に進むと、公庄駅付近より由良川の右岸・左岸に農地の真中を輪中堤（高さ約10m、上部の幅約3m）が築かれており、大江駅の少し東側まで約3km続いている。住宅は輪中堤より西側に50-150m程度離れた国道175号の西側にあり、農地がある程度の遊水地となるが、住宅は農地よりいくぶん高い程度であるので、輪中堤を水が越流すると住宅は浸水するだろう。なお、由良川の支流流出口には、内水氾濫対策として樋門があり、樋門に危機管理型水位計が取り付けられていた。

大江駅近くの公手川流出口近くに内水氾濫を防止するための調節池が整備中であった。調節地は、由良川の水位が高くなると、樋門を閉め、調節池（容量：5000m³）に貯まった公手川の水を、ポンプ3台（合計3t/秒）で由良川に排出し、内水氾濫を防止することを担う。

249

由良川下流域は蛇行し、山麓に住宅が点在しており、地形的な特徴を有効に活用した宅地嵩上げ、輪中堤は経済的な治水対策であるが、不連続な所があって、地域全体に安心安全な治水効果をもたらすかについては、今後の推移を見守りたいと考える。
　見学後、大江町の鬼瓦公園で一服後、大江駅より、帰路に就いた。

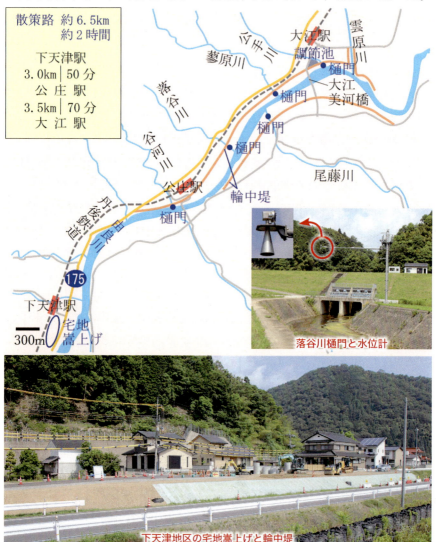

夏間地区付近の由良川左岸の輪中堤

大江美河橋から由良川左岸の輪中堤眺望

公手川流出口近くの調節池

7.5 疏水

　疏水とは、灌漑、給水、舟運、発電のために、河川、湖沼より、新たに土地を切り開いて造られた3面張りの水路のことである。

　疏水整備事業は紀元前3世紀の弥生時代に始まり、江戸時代の新田開発等で進展し、明治時代の法整備等により活発化し、取水口となる頭首工、逆サイフォン管、隧道、道路等の上に設けた水路橋、水を均等に分水する円筒分水等の施設と組合せ、1990年頃に落ち着いた。

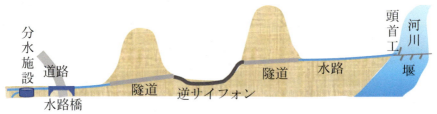

疏水の概念図

頭首工
河川、湖沼を堰き止めて水位を上昇させ、用水を水路に取り込む施設

隧道
山をくり抜いて造った馬蹄形の水路

逆サイフォン
高所より低所に水を流した後　高所に掻き揚げて送水する管

水路橋
道路、河川上に設けた水を送水するための水路のある橋

分水施設

水を均等に分配するための施設。

円筒分水式が代表的であるが、背割分水式、斜流分水式等がある。

水路

用水を遠くまで送るコの字形のコンクリート製の路

岡山市・西川用水

　昔の疏水事業は難工事で、薩摩藩家老・平田靱負らによる宝暦大治水（1754-1755年）を描いた杉本苑子著・孤愁の岸、琵琶湖第一疏水（1885-1890年）の土木技師・田辺朔郎の奮闘を描いた田村喜子著・京都インクライン物語等の小説に取り上げられている。

　現在、疏水の総延長は約40万kmで、その数は大小を合わせると約11.4万ケ所あり、その内、百ケ所が農林水産省より、2006.2月に疏水百選に選出されている。これらの疏水は、古くから集落の共同作業によって維持管理され、農作物の生産のみならず、国土や生態系の保全等様々な役割を担ってきた。しかし、近年、農村の高齢化や過疎化による担い手不足、食生活の変化に伴って農業は衰退傾向にあり、疏水の維持管理は大きな曲がり角を迎えている。

　ここでは、関西・岡山地域の疏水百選を巡る旅を紹介する。

（1）犬上川沿岸疏水

　滋賀県犬上郡の多賀町・甲良町を流れ、琵琶湖に注ぐ犬上川（河川延長 27.3km、流域面積 105.3km²）は、林相が貧弱で、河底が急傾斜で、保水性が乏しく、晴天が続けばたびたび水不足となっていた。

　そのため、江戸時代より上流と下流の地域で水を巡る争いは絶えなかった。下流の二ノ堰側が上流の一ノ堰を壊して二ノ堰に水が流れるようにしたり、一ノ堰側が堰に石や砂を詰めて水を流れにくくしたりして、一方を攻撃したり、拘束したりし、たびたび奉行所が処分を下していた。近年でも、1932.7月の大干ばつで、犬上川流域の多賀町・甲良町の農民が犬上川の両岸で対峙し、竹槍を振りかざして石合戦を起こし、十数名の犠牲者を出す惨事となった。

　この事件を受け、利水対策が国・県・地元で計画され、まず、犬上川上流にダムを建設することになった。ダム工事は、1934年始まり、戦争による中断を経て、1946年に犬上川ダム（堤高45m、堤頂長135m、有効貯水量370万m³）が完成した。さらに、ダムより約8km下流に3門のスライド式ゲートと魚道を有したコンクリート製の固定式分水堰・金屋頭首工が1934年に完成し、翌年に頭首工傍の犬上川の右岸に二ノ井幹線水路（長さ 1,400 m）と左岸に一ノ井幹線水路（長さ665m）が完成した。

　金屋頭首工での取水量は、一ノ井地域と二ノ井地域が田の面積、石高に応じて配分され、一ノ井地域が 3.407m³/秒、二ノ井地域が0.683m³/秒となるようにゲート調整が行われた。

　その後、幹線水路からの本線・支線の水路工事が始まり、1957年までに総延長約20kmの水路が完成した。

　この水路完成により、水争い、水不足はなくなり、主に農業用水として利用されている一方、水路周辺には親水公園が整備され、地域の人たちの憩いの場となっている。

　甲良町は、疏水百選に選ばれた犬上川沿岸疏水とともに、戦国大名で、江戸時代に伊勢国津藩・32万石の大名となった藤堂高虎の生誕地として、高虎公園、資料館等で整備し、村おこしを展開している。

犬上川沿岸疏水巡りは、近江鉄道・尼子駅をスタートし、行きは高虎公園、二ノ井幹線水路に沿って南東に進み、金屋頭首工で折り返し、帰りは一ノ井幹線水路に沿って西に進み、三川分水公園を経て、神明の滝、桂城の滝に立ち寄り、尼子駅に戻ることにする。

　尼子駅より田園風景が広がる道を東に進み、県道13号線を超えると住宅街となり、幅1m程度の疏水路に水がゆったりと流れるのどかな雰囲気の中を進むとやがてコンクリート平板が敷き詰められた高虎の道となり、終点の少し先に高虎公園があり、高虎の騎馬像等を見て回った。

　高虎の道を過ぎ、田園風景が広がる古川の径を東に進み、きらめき公園で北に進み、福寿橋を渡り、二ノ井用水之跡碑に立ち寄り、少し先を右折し、二ノ井幹線水路に沿って県道226号線を南東に進むと金屋頭首工に至る。

　金屋頭首工の南側から2門のゲート、魚道を見ることができるが、頭首工で水が堰き止められ、疏水路に分水されているので、頭首工の南側の水量は少なく、水のない河原が広がっているのが目についた。

　頭首工から桜並木が続く一ノ井幹線水路に沿った道をのんびりと西に進み、一ノ堰之碑を経て、三川分水公園に至る。この公園には、小さな池と水車があり、しばらく寛ぐことができる。

　県道227号線をしばらく西に進むと道の駅せせらぎの里こうらがあり、特産品販売所、レストラン、観光案内所等がある。

　道の駅より少し南下後、右折して西に進んでいき、図書館、甲良町役場を経て、南下すると、長さ約30mに渡る石垣の間より水が流れている神明の滝があり、そこより桂城の滝までの約1kmの下之郷地区は、住宅街に疏水路があり、疏水路の中央に多数の鉢植えの花が置いてあり、心を和ませながら散策できる。桂城の滝は、石組みでできた高さ約3mより水が石を伝わって流れる一方、水車を回しており、水の有する癒し効果とパワーを同時に表現しているように感じた。

　桂城の滝を後にし、田園風景が広がる道を進んで尼子駅に戻り、公園前の親水公園で、しばらく寛いだ。

高虎の道

高虎公園の高虎騎馬像

古川の径

金屋頭首工

一ノ井幹線水路

下之郷地区のせせらぎ水路

桂城の滝

（2）琵琶湖疏水

　琵琶湖疏水（滋賀県・京都府）は、安積疏水（福島県）、那須疏水（栃木県）とともに日本を代表する三大疏水で、明治時代の初期に殖産興業を背景にした国家プロジェクトで築かれた。

　琵琶湖疏水は、大津市三保ケ崎で琵琶湖より取水（第一疏水：8.35m³/秒、第二疏水：15.3m³/秒）し、京都市左京区下堤町の鴨川合流点の冷泉放水口までの11.1kmと、鴨川夷川出合から伏見区堀詰町までの鴨川運河の8.9kmを含めた全長約20kmの第一疏水（1890年完成）と、全線トンネルで第1疏水の北側を並行し、蹴上までの全長約7.4kmの第二疏水（1912年完成）、京都市左京区の蹴上付近から分岐し、左京区北白川に至る全長約3.3kmの疏水分線（現在、散策を楽しめる「哲学の道」として整備されている）より構成される。琵琶湖疏水は、船運ができるように幅約6m程度の水路を落差39.4mのみで水が流れ、サイフォンは用いられていない。

　琵琶湖疏水は、現在、水道用水11.13m³/秒、発電用水8.35m³/秒、その他（工業用水、灌漑）4.17m³/秒使用されている。また、舟運は1951年に姿を消したが、水路を巡る船による観光遊覧が2018年より開始された。

　琵琶湖疏水について、開いた水路、竪坑、トンネル、水路閣、発電所、インクライン等の見所の多い第一疏水の大津市三保ケ崎より京都市左京区の琵琶湖疏水記念館までの約11kmを紹介する。

　京阪石山坂本線の三井寺駅で降り、疏水取水口に向かう。琵琶湖より幅20m程度の開口部より水が取り入れられている。疏水取水口傍には琵琶湖の水位が低下した場合に水を汲み上げる疏水揚水機場があり、その少し先に石とレンガで囲われたたまり場に疏水の水位を調整する大津閘門がある。大津閘門より水路に沿って200m程度桜の並木があり、大津市の桜の名所となっている。水路が見えなくなると、第一トンネル（2436m）の東口に至り、伊藤博文の印刻の扁額（氣象萬千：千変万化する気象と風景の変化はすばらしい）が掲げられている。第一トンネル東口より水路より離れ、森に囲まれた緩い上りの舗装道を

進んでいくと、第一トンネルの東西掘削の拠点となった地上より1m程度突き出ている第一竪坑（直径5.5m、深さ47m）が目に留まる。

　第一竪坑より西に進むと入口に横長で陽刻の山縣有朋の扁額（廓其有容：悠久の水をたたえ、悠然とした疏水の広がりは、大きな人間の器量をあらわしている）が彫られた第一トンネル西口に至り、しばらく水路に沿って進むと諸羽トンネル東口があり、さらに水路より離れて西に進むと諸羽トンネル西口に至る。ここより高所に開削路が続き、多くの人が行き交い、もみじが多く植栽された遊歩道より眼下に街並みを眺め、また、時折通過する疏水遊覧船を見ながらのんびりと西に進むと石造りの井上馨の印刻の扁額（仁似山悦智為水歓：仁者は知識を尊び，知者は水の流れをみて心の糧とする）が彫られた第二トンネル（124m）東口に至り、少し西に進むと西郷従道の陽刻の扁額（随山到水源：山にそって行くと水源にたどりつく）が彫られた第二トンネル西口に至る。さらに少し西に進むと松方正義の印刻の扁額（過雨看松色：時雨が過ぎるといちだんと鮮やかな松の緑をみることができる）が彫られた第三トンネル（850m）の東口に至る。南下して府道143号道路に沿って西に進み、蹴上駅手前で東に進むと三条實美の陽刻の扁額（美哉山河：なんと美しい山河であることよ）が彫られた第三トンネル西口に至る。ここは琵琶湖疏水船の発着場になっている。

　インクライン（傾斜鉄道　船を台車に載せて移動）上を歩き、疏水公園内にある琵琶湖疏水の設計者・田辺朔郎像、蹴上発電所の導水管（内径約2.6m）を眺めながら南禅寺方面に進み、着物姿の人が多く行き交う日本三大山門の一つである三門、法堂、国宝の方丈等のある南禅寺境内を見学後、レンガ造りのアーチ構造で、橋の上部に水が流れている水路閣（高さ9m、幅4.06m、全長93.17m）に進み、レトロ感と風格に魅了される。

　その後、日本最初の事業用水力発電所として明治24年（1891年）に運転開始された蹴上発電所（最大出力4500kW、落差33.74m、最大使用水量16.70m³/秒）、疏水関係の遺物、資料が展示されている琵琶湖疏水記念館を見学後、バスでJR京都駅に戻る。

散策路（約12km、約3.5時間）

| 疏水記念館 | 1.0km 15分 | 水路閣 | 2.6km 40分 | 東口 第三トンネル | 0.6km 10分 | 東口 第二トンネル | 3.4km 65分 | 東口 諸羽トンネル | 1.7km 30分 | 第一竪坑 | 2.8km 60分 | 三井寺駅 |

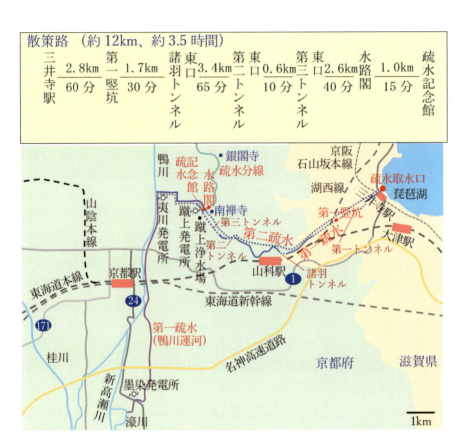

第一疏水取水口

260

第一トンネル東口付近の第一疏水

第一竪坑

第一疏水を巡る遊覧船

山科駅北側の第一疏水

第二トンネル西口付近の第一疏水

水路閣

(3) 大和川分水築留掛かり

旧大和川は、奈良県、京都府、三重県にまたがる笠置山地を源流とし、西に流れ、いくつかの河川と合流し、大阪府柏原市で石川と合流し、北に向きを変え、玉櫛川（現在の玉串川）と久宝寺川（現在の長瀬川）に分かれ、大阪市の淀川（現在の大川）と合流していた。

旧大和川は現在の柏原市安堂町付近が狭くなり、蛇行しながら北上し、勾配が緩いため土砂が堆積し、天井川となり、柏原市より北側でたびたび浸水被害が発生していた。

旧大和川水域

そこで、旧大和川を現在の安堂町で90度西に曲げることが1657年頃に考えられ、庄屋・中甚兵衛が中心となり、幕府に働きをかけ、1704.2月より付替工事（安堂町で90度西に曲げ、大阪湾に注ぐ長さ14kmの水路（現在の大和川））工事が始まり、1704.10月に完成した。

付替工事後、柏原市北側の田畑を潤す灌漑水や舟運ができる水路の必要性が高まり、安堂町の大和川に2つの築留堤防（築留二番樋、築留三番樋）を1705年に完成させ、長瀬川、玉串川の整備が進められた。

現在、2つの築留堤防より取水し（大和川平均流量 $13.51m^3$/秒の約1/36の約 $0.38m^3$/秒を各々取水）、約400m北上後に合流して長瀬川となり、さらに約1.4km北上して二俣分水で長瀬川（西側）と玉串川（東側）に分かれる。長瀬川は大阪市のJR放出駅付近で第二寝屋川と合流する約14.2kmの長さであり、玉串川はかっては玉串元町から東大阪市

263

稲田町まで暗渠で続いて長さ 13.4km であったが、都市化の進行により、現在は東大阪市玉串元町の第二寝屋川と合流までの約 6.4km の長さで、両方を合わせて大和川分水築留掛かりと呼ばれている。

大和川分水築留掛かりは、かっては木綿や水稲栽培の灌漑用水路として開墾されたが、現在、2 つの河川沿線は住宅が密集し、灌漑用水路としての重要性が低下し、近隣の住民の潤いと安らぎの場となっており、2018 年に世界かんがい施設遺産に登録された。

現在の築留二番樋は、1888 年に長さ 55 m、径 1.6m の馬蹄形のレンガ造りに修復され、登録有形文化財となっている。

都市化の進展とともに、大和川分水築留掛かり水路に流入する雑排水が問題となり、大和川分水築留掛かり水路の両側に雑排水を流入する水路が設けられ、その水路上は散策用の歩道となっている。

大和川分水築留掛かり巡りは、JR 高井田駅よりスタートし、まず、柏原市歴史資料館に立ち寄り、大和川分水築留掛かりの学習をした。その後　大和川を西に進み、2 つの樋門を見学後、二俣分水を経て、長瀬川に沿って JR 放出駅まで歩いた。

2 つの樋門近くに、大和川治水記念公園があり、大和川分水築留掛かりの功労者の中甚兵衛像、大和川付替 250 年記念碑等を巡った後、2 つの樋門に向かった。築留二番樋出口は、レンガ造りで、100 年以上を経過しており、歴史的な重みを感じた。

2 つの樋門からの水路は、合流後、レンガで舗装され、樹木が植栽され、所々に休憩所が設置されて憩い効果を高めたアクアロード柏原が整備され、多くの鯉が泳ぐのを眺めながら心軽やかに北に進むと二俣分水に至る。二俣分水より左側の長瀬川に進み、幅約 3m の長瀬川の流れを楽しみながら、水路沿いを北西に進んだ。

JR 八尾駅からの水路雰囲気はいくぶん殺風景となったが、散策を楽しんでいる多くの人が見られた。近鉄の弥刀駅、長瀬駅近くには水路上に屋根付きの駐輪場が設置されているエリアがあった。

JR 放出駅近くで、洪水対応のために 1969 年に完成した運河である第二寝屋川への長瀬川放流口を確認し、JR 放出駅に向かった。

築留二番桶取水口

築留三番桶取水口

築留二番桶出口

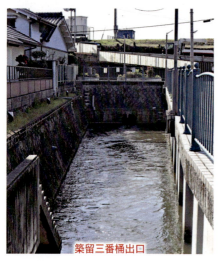
築留三番桶出口

治水記念公園　中甚兵衛像

アクアロード柏原

二俣分水

近鉄長瀬駅前の駐輪場

高井田中央駅近くの長瀬川

第二寝屋川への長瀬川放流口

(4) 淡山疏水

　加古川、美嚢川、明石川、播磨灘で囲まれたいなみ野台地（稲美町を中心とし、神戸市、明石市、加古川市、三木市の一部を含む）は、標高 30-40m の高台にあるため、河川の水を利用するのが難しく、かつ年間降水量が 1200mm 内外と少ないことで、古代より多くのため池が造られ、江戸時代の新田開発によりため池づくりは加速され、綿花栽培を中心とした農業が営まれていたが、明治時代初期には外国綿輸入に押され、綿の販売は低迷していった。

　そこで、稲作中心とした農業をすることに転換することにした。河川水利用は既得権があったが、非灌漑期（9/20～5/20）の取水は問題ないことになり、非灌漑期に標高約 140m にある河川より水を取水し、ため池に一時貯留し、灌漑期に灌漑用水として利用する計画がなされた。

　まず、1888 年より淡河川疏水事業が着工され、サイフォン、隧道、分水施設、水管橋、ため池の新設等の難工事を切り抜け、1891 年に総延長 26.3km（5.2km が 28 ヶ所の隧道）の疏水事業が完成した。続いて 1911 年より山田川疏水事業が着工され、1919 年に総延長 11.0km（5km が 19 ヶ所の隧道）の疏水事業が完成した。現在、淡河川疏水と山田川疏水を合わせて淡山疏水と言われ、淡河川、山田川より取水した水は、多くのため池と連結され、草谷川、曇川、国安川、喜瀬川等の河川に放流されている。

　淡山疏水は、現在、約 600 個のため池より約 2000ha の農地に灌漑され、2008 年に近代土木遺産に認定され、2014 年に世界かんがい施設遺産に登録された。

　いなみ野台地のため池は、灌漑用水の貯留のみならず、洪水調節、土砂流出防止、生態系の保全、保健保養等の機能を有しているので、ため池の構造は、堤体、堤体

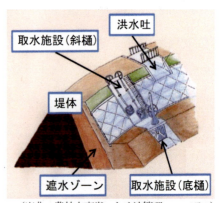

（出典：農林水産省、ため池管理マニュアル）
ため池の構造

に取り付けられた洪水吐（大雨時等に堤体上部より越流するスリット）、取水・排水施設、底樋（土砂流出用）等より構成されている。

　淡山疏水巡りは、施設が点在し、水路に沿って散策道が整備されておらず、距離が長く、歩いて移動するのは難しいので、自転車で移動し、ポイントで自転車を止め、近くを散策することにした。

　淡山疏水のうち、淡河疏水の頭首工から稲美町役場の傍の琴池までを巡ることにした。頭首工、老ノ口と練部屋の分水施設、御坂サイフォン・サイフォン橋、掌中橋、一部の隧道、ため池、疏水博物館を見学した。各施設には、内容がよく理解できる案内板が設置されていた。隧道はコンクリート造りとレンガ造りがあり、レンガ造りは歴史的な重みを感じた。

　なお、淡山疏水を手軽に散策するのであれば、JR土山駅よりバスに乗り、稲美町役場で下車し、琴池〜疏水博物館〜練部屋分水施設〜掌中橋〜琴池（約13km）のルートで回るのがよいのではと考える。

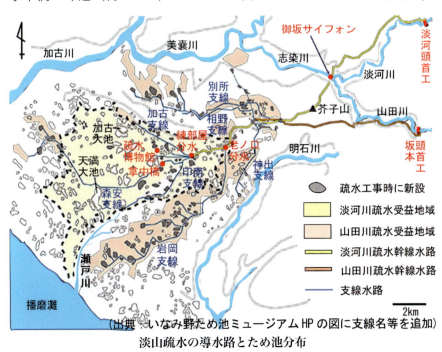

(出典　いなみ野ため池ミュージアムHPの図に支線名等を追加)
淡山疏水の導水路とため池分布

稲美町・疏水博物館周辺の淡山疏水の散策ルート

淡河頭首工

淡河川疏水幹線水路(中国道・三木東ICの東約600m)

御坂サイフォン

御坂サイフォン橋

老ノ口分水所
直径約7.5mで、3ケ所に分水

掌中橋
1998年役目を終え、公園に保存

（5）西川用水

　岡山市の中心を流れる西川・枝川用水は、慶長年間（1596-1615年）に小早川秀秋、池田忠雄らによって開削され、旭川・合同堰より取水し、児島湾に注ぐ約16kmに及ぶ灌漑用水路で、明治以降に生活用水として庶民の生活の中に取りこまれた。

　近年、岡山市は「水と緑が魅せる心豊かな庭園都市」を掲げ、1974年から西川用水の1.9kmに樹木を植栽し、歩くたびに新たな景観が展開するように、パーゴラ、水上テラス、水上広場、噴水広場、花壇広場等の整備を行い、1976年に完成した。その後、枝川用水の0.5kmの整備を行い、1979年に完成させた。延べ2.4kmの散策道は、西川・枝川緑道公園として多くの人の憩いの場として親しまれている。

　さらに、この緑道公園は、岡山市の代表的な観光地である後楽園、岡山城へ続くことからも、多くの観光客に人気がある。

　また、旭川の氾濫を防ぐために、江戸時代の承応3（1654）年に郡代・津田永忠が設計し、1686年に完成した3段の荒手のうち2段（近年に永忠堰と名付けられる）が岡山市水道局記念館東側の旭川沿いにあり、堰により水量を弱めながら旭川放水路（百間川）へ分流し、児島湾に放流することで、現在も旭川の氾濫を防ぐ役目を担っている。

　岡山駅の次の駅である大元駅をスタートし、枝川緑道、西川緑道を経て、岡山城、後楽園を巡り、旭川沿いの永忠堰（第一の荒手、第二の荒手）を見学後、西川原駅に行く約11kmのコースを紹介する。

　大元駅より東に進んだ後、北に向きを変え、約600m進むと枝川緑地公園の入口となり、用水路を挟んで市木・クロガネモチ、市花木・サルスベリ、アラカシ、ヤナギ等の樹木等が植栽され、歩くたびに新たな景観を展開させて、人々がやすらぎを感じるように整備された遊歩道が続く。約0.5kmで枝川緑道公園が終わり、続いて西川緑道公園が始まり、水辺の木陰にほたるみち、彫刻の森、水上テラス、噴水広場、石張テラス、花壇広場等が続き、人々にやすらぎとうるおいをもたらしながら、人々を魅了する空間が約1.9km広がる。

　西川緑道公園を路面電車が走り、ユリノキが植栽された桃太郎大通

りで東に曲がり、月見橋手前で烏城公園に入り、宇喜多秀家によって築城された黒塗りの烏城・岡山城を見学後、月見橋より岡山藩主・池田綱政が岡山郡代官・津田永忠に命じて造らせた日本三名園の1つである岡山後楽園に入り散策した。その後、旭川の東岸に沿って約3.2km北上すると、旭川の氾濫を防ぐための放水路・百間川の流入口に津田永忠が設計した越流堰である第一の荒手、第一の荒手より約1km南下した中島竹田橋近くの第二の荒手を見学し、西川原駅より、帰宅した。

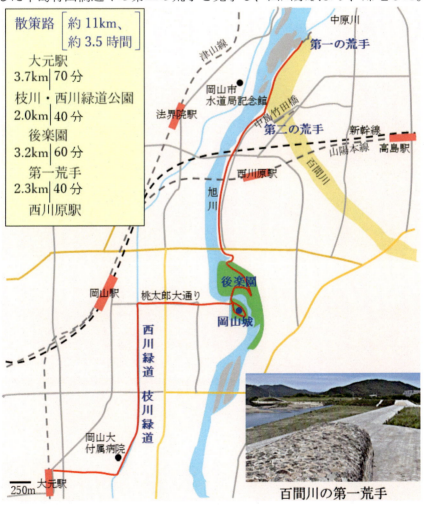

百間川の第一荒手

枝川緑道公園・和風庭園

枝川緑道公園

西川緑道公園・水上テラス

後楽園

（6）東西用水

　高梁川は、明治時代以前、総社市清音で東西（東高梁川、西高梁川）に分流し、それぞれが水島灘へ流れ込んでいた。複雑な流況と不十分な堤防しか備えていなかったので、現在の倉敷市、早島町等ではたびたび浸水被害を受けていたともに、降水量が少ないので、慢性的な水不足に悩んでいた。

　そこで、内務省は、1906年に、東西に分流していた河川を一本化し（東高梁川を廃止）、11ケ所の取水樋門を1つにして分水路を築くこと、河幅を広くすること、左岸約21km、右岸約23kmの堤防を強化すること等の高梁川基本計画を立案し、1911年に工事に着手し、14年の歳月を費やし、1925年に完了した。

　高梁川の平均流量63.93m³/秒に対し、夏季に11.9m³/秒、冬季に6.1m³/秒を笠井堰の脇に設けた7門の樋門より取水し、3.1haの酒津貯水池に導き、一旦貯留して砂・砂利等を沈殿させた後、北の6門の配水樋門より八ケ郷用水、南の15門の配水樋門より倉敷用水（2門）、備前樋用水（2門）、南部用水（5門）、西部用水（3門）、西岸用水（3門）に分流する。分流量は、門の間隔、数を変えることで行う。

　南の配水樋門は、国内最大級の規模であり、花崗岩を装飾に用いた端麗な構造であること等により、土木遺産、近代化産業遺産に選定されている。

　酒津貯水池周辺は、農林水産省による水環境整備事業の対象となり、水利施設の機能が充実され、水辺空間の景観や生態系を保全するための整備が行われた。また、酒津貯水池の南に酒津公園が整備された。

　整備してから年数を経つと施設の老朽化が進み、維持管理に不便をきたしたので、岡山県は整備してから27年経過した1998年に、水環境整備事業により、施設の整備を行うとともに、歴史景観ゾーン、水辺空間ゾーン、せせらぎゾーン等の水辺の環境の整備を行った。

　これらの整備により、酒津貯水池周辺は、地域住民の散策やジョギング、花見等の憩いの場になっているとともに、南の配水樋門出口の水路は夏場、子供たちの水遊び場となっている。

　JR倉敷駅をスタートし、西に進み、西岸用水路・西部用水路と出

合うところで水路の東側を水路に沿い、水辺の情景を楽しみながら北に進むと酒津公園に至る。

　酒津公園内の桜並木を楽しみながら北に進むと南の15門の配水樋門に至る。この樋門は、大きく、5つに分流され、花崗岩を装飾に用いた端麗な構造であること等より、歴史的な重みを感じながらじっくりと眺めた。

　樋門より酒津貯水池に沿って西に進み、道路を渡って高梁川の笠井堰の傍の7門の取水樋門を見学した後、酒津貯水池の西側に沿って桜並木を楽しみながら北に進み、北の6門の配水樋門を経て、水辺のカフェで南に進み、南の配水樋門より、倉敷用水路沿いを進み、JR倉敷駅に戻った。

　時間に余裕があれば、JR倉敷駅の南側にある倉敷川に沿った美観地区の散策を楽しむのもよいだろう。

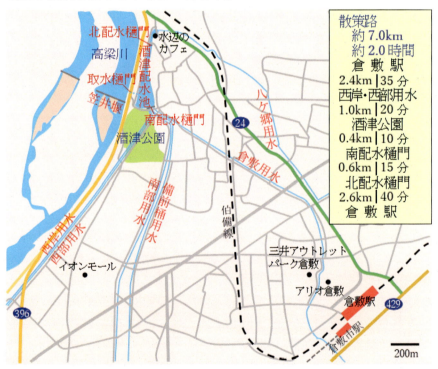

276

西岸用水/西部用水

倉敷用水

高梁川からの酒津取水樋門

酒津池の取水樋門

酒津池の15門南配水樋門

酒津池の6門北配水樋門

酒津公園

7.6 水源の森・源流の森

　森林は、降雨を一時蓄えた後、浄化しながら徐々に河川等に流出させる水源涵養機能を有し、生活用水等の確保、水害抑制に大いに貢献している。さらに、森林は、土砂災害防止、地球環境保全機能、物質生産、生物多様性保全、レクリエーション等の機能がある。このため、今後とも安心・安全で住みよい生活環境を創造し、維持していくためには、森林の整備を行い、豊かな状態に保つことが大切である。

　多くの森林は、河川の源流域・上流域にある。源流、上流の地域は、過疎化、高齢化が進行し、人の手が入らず、獣害被害が拡大し、荒廃が進行しており、優れた森林機能を有した豊かな森林は限られている。

　豊かな森林は、根が水平/鉛直に伸びる高さの異なる針広混交林で、適正な間伐が行われることで、樹冠があまり発達せず、光が地面に達し、林床植物が育ち、落ち葉と腐葉土で形成された団粒構造の土壌が形成されている。人が介在しないと森林の維持・発展は難しく、水源涵養機能、土砂流失防御機能等に欠け、自然災害拡大を誘引している。

　近年、鹿害が、豊かな森林の維持・発展に多大な影響を及ぼしている。鹿にチガヤ、メダケ、シバ等の林床植物、苗木が食べられ、樹皮が剥ぎ取られ、鹿の嫌いなシダ、ナンキンハゼ、アセビ、ミツマタ、シキミ等の忌避植物だけが残り、殺伐な様相となっている。

　鹿害抑制のために、捕獲、忌避剤の散布、防護柵の設置、樹木にテープを巻く等が実施されているが、思うように効果が出ていない。

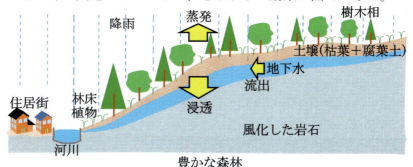

適正な樹木相

　高さが違い、根の張り方が異なる針広混交林で、間伐を継続して行い、適正な樹間(約1000本/ha)の森林。
→日光が地面に届き、林床植物が育つ。
　降雨の大部分が樹木に留まらず、地上に達し、土壌に多くの水が蓄積される。

水源涵養に優れた土壌

　上部が林床植物、落ち葉で覆われ、その下部は腐葉土と樹木の根により団粒構造となり、土壌生物が多く生息する保水性、透水性、保肥性に富む土壌。

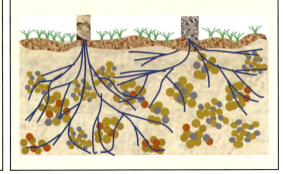

　1995年に林野庁が選定した「水源の森百選」は、昔から水を得るために森林を守り、育み、また、水と一体になった森林空間に散策道、利用施設を整備する等、森林所有者はもとより地域住民の努力のもとに維持されてきた豊かな森林である。

　百選の中には、マップや散策コースが整備されている観光向けの水源の森もあるが、一方では散策コースが整備されておらず、奥深い山の中に存在する水源の森も含まれているので、事前に現状、ルートをよく調べたうえで巡ることが望ましい。

　一方、源流の森は、人里を離れ、奥深い神秘的な山麓にあり、全国源流の郷協議会より全国で16ヶ所程度紹介されているが、全国を網羅されていない。また、源流域の森林で、継続的に伐採、植林が行われ、保水性・浸透性に富んだ土壌を有する豊かな森林は限られている。

　ここでは、関西・中国地域の河川の源流域で、散策コースが整備され、散策を楽しめるいくつかの水源の森、源流の森を紹介する。

　水源の森、源流の森を巡ることで、岩の間、土壌から染み出す清らかな水、岩の間より落ちる滝、樹木、林床植物、土壌の状態、光の差し込み具合、鹿害の影響程度等による異なる様相の森林に注意を払いながら、自然景観を楽しんではと考える。

（1）鴨川水源の森・鞍馬山・貴船山

　京都市の鞍馬山・貴船山の山麓は、鴨川の源流域にあり、水源の森百選に選ばれ、清らかな流れの鞍馬川、貴船川を生かした生活が営まれ、歴史遺産が点在し、河川に挟まれた地域は、杉、檜、カエデを主とした神秘的な森林が広がっており、かって貴族たちが癒しや涼を求めて訪れた場所で、京都の奥座敷と呼ばれている。

　鞍馬川沿いは、居住地域で民家が軒を連ねており、貴船川沿いは、清らかな水の流れを生かした川床料理の旅館が趣向を凝らした店構えで並んでいる。

　鞍馬山の山麓にあり、鑑真の高弟・鑑禎が770年に草庵を建て、毘沙門天を安置したのが始まりとされる鞍馬寺の周辺は、幼少期の源義経（牛若丸）の修行の地であり、天狗伝説（天狗が牛若丸に武芸を教えたという伝説）が残り、牛若丸ゆかりの史跡が点在している。

　貴船山の山麓にあり、5世紀前半の反正天皇の時代に創建されたとされる貴船神社は、水神である「おかみの神」を祀り、古くから祈雨の神として信仰され、全国の料理・調理業や水を取扱う商売の人々から信仰を集めているとともに、縁結びの神としての信仰もある。

　鞍馬山・貴船山山麓の散策は、叡山電鉄・鞍馬駅をスタートし、鞍馬寺、奥の院魔王殿、貴船神社（本宮、中宮、奥宮）を巡り、叡山電鉄・貴船口駅を終点とするコースを紹介する。

　鞍馬駅を降り、駅前広場に進むと赤鼻を高く掲げた大天狗が迎い入れてくれる。駅近くの鞍馬川のせせらぎを聞きながら進み、階段を上り、湛慶作の仁王尊像のある仁王門をくぐると、940年に平安京の北方の鎮めとして創建され、鞍馬の火祭が行われる由岐神社に至る。

　由岐神社より先に進み、牛若丸が幼少期に起居した東光坊跡に建てられた義経公供養塔に立ち寄り、つづら折りの参道を上っていくとモミやツガの原生林で囲まれたところに鞍馬寺の本殿金堂がある。金堂には、60年に一度だけ公開される毘沙門天、千手観音、護法魔王尊の三尊が祀られており、毘沙門天は太陽の精霊、千手観音は月輪の精霊、護法魔王尊は大地の精霊とされる。金堂前の金剛床の中央にある

六芒星は、宇宙と一体化することのできる修行の場とされ、願い事がかなうとされている。

　本殿金堂をあとにし、参道を進んでいくと、スギ林がうっそうと繁り、岩盤が地表近くまで迫り、スギの木の根が地表に露出した状態になった神秘的な木の根道になり、根を踏まないようにゆっくりと進む。

　木の根道より参道を進むと、650万年前に人類救済の使命に帯び、金星から降臨した魔王尊が祀られている奥の院魔王殿が杉林に囲まれひっそりと建っている。つづら折りの参道を下り、鞍馬寺西門を過ぎると貴船川筋となり、川床料理の旅館が連なる参道を少し北に進み、朱塗りの灯籠が両脇に並んでいる階段を上ると貴船神社本宮に至る。

　貴船神社は、本宮、中宮（結社）、奥宮よりなり、本宮、奥宮は、水の神様として、全国の水を扱う商売の人々から信仰を集め、また、日照りや長雨が続いた時は、雨乞いと雨止め神事が行われた。中宮は、人々のために縁を結ぶべく鎮座した磐長姫命(いわながひめのみこと)を祭神とし、縁結びの神として信仰されている。ここには、和泉式部の歌碑「もの思へば　沢の蛍も　わが身より　あくがれづる　魂かとぞ見る」(愛しい夫が他の女性に心を奪われ、あれこれと思い悩んで貴船神社に詣でたところ、貴船川に一面に蛍が乱舞している。そのはかなく点滅する光を見ていると、まるで自分の魂が抜け出ていって、この身は今にも死にそうな気がするのです)がある。

　本宮より貴船川沿いのせせらぎで心を癒されながら北に進むと、石垣の先に中宮があり、さらにスギ林に囲まれた神秘的な雰囲気が漂う参道を進むと奥宮に至り、渇水、水害のない穏やかな日々が送れることを祈る。カフェ・貴船倶楽部で一服後、叡山電鉄・貴船口駅へ、貴船川のせせらぎに癒され、川床料理の旅館街を眺めながら足を進めた。

　通常、水源の森は、人工の手があまり加えられていなくて、清流のせせらぎ等で心を癒されながら森林浴を楽しめるところであるが、鞍馬山、貴船山の山麓、鞍馬川、貴船川沿いは、歴史的な史跡が多く点在しており、参道も階段が多いので、他の水源の森とは一味違う散策を楽しむことができる。

鞍馬駅近くの鞍馬川

鞍馬駅前の大天狗

鞍馬寺の仁王門

由岐神社

鞍馬寺

木の根道

奥の院魔王殿

奥の院魔王殿の少し先の森林景観

貴船神社(本宮)

旅館街の貴船川

貴船神社(奥宮)

（2）見出川水源の森・奥山雨山自然公園

　泉州南部地域の灌漑用水、上水道用水を確保するために、二級河川・見出川（全長約3.9km）の上流域に1968年重力式コンクリート製の永楽ダム（堤高40m、堤頂長133m、有効貯水容量61.7万m³）が築かれた。その後、永楽ダム周辺に約130haの奥山雨山自然公園が1984年整備された。

　奥山雨山自然公園は、コナラ、アカマツ、クロマツ、ヒノキ、ヤマザクラ等の天然林が約90％占め、森林浴、ハイキングの適地であり、水源の森百選、大阪みどりの百選に選ばれている。

　奥山雨山自然公園において、永楽ダム周囲に約1000本の桜が植栽されており、春は花見客で賑わう。また、永楽ダムの西側に雨山城跡コース（0.8km、50分）、永楽ダムの東側にもみじの広場コース（0.9km、50分）、つつじの広場コース（0.7km、45分）、展望台コース（0.8km、60分）、西ハイキングコース（1.7km、2時間）、東ハイキングコース（1.8km、90分）のハイキングコースが設けられており、それぞれの趣が異なるので、季節、体力等に応じて選ぶことができる。

　雨山城は、雨山の山頂（312m）に南朝方の泉州地方の拠点とすべく橋本正高が1346年に築いたとされ、紀州と泉州を結ぶ粉河街道をおさえる山城であるため、北朝と南朝間で争奪戦が繰り広げられた後、1617年に廃城となった。現在、月見櫓跡、千畳敷跡、馬場跡等の遺構が残っている。

　見出川は、雨山東麓の谷間を水源とし、熊取町東部を北西に貫流した後、大阪湾へと注ぐ全長約12km、流域面積約10km²の二級河川である。

　ハイキングコースには、2つの展望台といくつかの休憩所があり、分岐には道標が整備されている。第一（西）展望台（標高290m）、第2（東）展望台（標高268m）は、山頂にあり、東に和泉葛城山系、西に大阪湾に浮かぶ関西国際空港、明石海峡大橋等の雄大な眺望を楽しめる。

　奥山雨山自然公園へは、JR阪和線・熊取駅よりバスに乗り、成合口バス停で下車して、歩いて向かい、公園内の東ハイキングコースを経て、見出川源流域のもみじの広場コースの散策を紹介する。

永楽ゆめの森公園入口より道路を少し進み、左折して永楽ダムへの遊歩道を少し歩くと永楽ダムに至る。

　ダム堤体の中心部にローラゲート式のクレストゲートがある。ダム下流には、幅約 2m 程度の水路があり、見出川の流れを造り出している。また永楽浄水場があり、沈砂池と思われる設備を確認できる。

　ダムの天端を歩き、ダムの東側の道路を少し南下すると、東ハイキングコースの登山口があり、階段を上り、山道を南に進み、トレイルランニングをしている多くの若者とすれ違いながら第一展望台に至る。展望台からの見通しはよく、しばらく眺望を楽しめる。

　第一展望台より東に進み、芝生広場を経て、北にしばらく進むと第二展望台に至る。第一展望台よりも標高の低いが、眺望を楽しめる。第二展望台より、もみじの広場コースの森林浴を楽しみながら永楽ダム方面に進み、永楽ゆめの森公園でしばらく休息後、成合口バス停に向かった。

ダム天端からの永楽ダム湖　第一展望台

第一展望台への上り坂

第一展望台からの永楽ダム湖の眺望

東コース尾根からの北西方向眺望

もみじの広場コース

（3）寝屋川源流の森

　淀川水系寝屋川の源流は、大阪府交野市の寝屋川の支川・傍示川（ぼうじかわ）の源となる星田山（標高278m）の山麓にある星田新池に流れ込む茄子石の川と拂底谷川（ほってたにがわ）である。

　源流の森は、薄暗く、苔が生えた岩が多数あり、土壌より浸みだした水が岩の間より流れ、幻想的な雰囲気を醸し出している。

　寝屋川は、大小の支川と合流して南下し、北流する恩智川と大東市住道で合流し、西に流れを変え、京阪電鉄・天満橋駅近くで大川と合流するまでの長さ25kmの河川で、12市にまたがっていることで、流域人口が270万人（大阪府の約30%）で、大阪府の中核河川である。

　寝屋川流域は、都市化の進行で、保水・遊水機能を有する水田、ため池が大幅に減少し、たびたび洪水被害にあったので、多くの調節池、遊水地、南北の地下河川の整備が行われた。

　星田山は、府民の森ほしだ園地の西側にあり、日高山（260.7m）、北山師岳（269.5m）と合わせて星田三山と呼ばれ、ハイキング道が整備され、市民の森林浴の場となっている。

　寝屋川源流の森へは、JR星田駅を拠点とし、傍示川に沿って桜並木が続く遊歩道を南東に進んだ所にある星田新池よりスタートする。

　星田新池の東側の茄子石の川に沿った遊歩道を南に進んでいくと、苔の生えた大きな岩が多数あり、高さ10mの岩の間より水が流れ落ちている聖滝に至る。聖滝の周りは、広葉樹林が茂って薄暗く、土壌より水が浸みだし、帯状の水流となって方向を変えながら岩を伝わって流れている様子を見ることができ、幻想的な雰囲気を創出しており、しばらく堪能した。

　北に少し進み、府民の森ほしだ園地からの山道と合流する分岐を西に進むと星田山の山頂に至る。山頂には三等三角点が設置され、少しの空間があるが、広葉樹林に囲まれて遠くを見通すことができない。

　山頂から西に下っていくと、拂底谷川と交わり、その川に沿った遊歩道をせせらぎ音で安らぎを感じながら北に進むと星田新池に至り、

　星田新池の北にある星田新池広場でしばらく休息後、星田駅に戻った。

傍示川

茄子石の川沿いの遊歩道

星田新池

星田新池

（4）大和川源流の森・春日山原始林

　大和川水系は、奈良市の初瀬川源流域の貝ケ平山（標高821.7m）を源とし、西に流れ、大阪湾に注ぐ、幹線流路延長68km、流域面積1070km²、流域人口約215万人の一級河川である。しかしながら、大和川は、奈良県北葛城郡河合町付近で多数分流し、南北、東に延びるので、それぞれの支川の源流域に森が広がっている。

　ここでは、大和川の支川である佐保川の源流域の春日山原始林にある鶯の滝、および佐保川の支川・吉城川が流れ、山焼きで知られる若草山（標高341.7m）を巡るコースを紹介する。

　春日山原始林は、約250haの広さで、春日大社を神山として樹木の伐採が禁止されてきたため、シイ、カシ等の常緑広葉樹を中心とした樹林が広がっている。しかしながら、近年、外来種のナンキンハゼ、ナギの進出が進み、鹿の採食によるコケ植物等の林床植物の衰退が進んでおり、植生保全活動が強化されている。

　春日山原始林散策は、JR奈良駅よりバスに乗り、国際フォーラム甍前で降り、東に進み、平安時代に平安京の守護と国民の繁栄を祈願するために創建された春日大社に立ち寄り、水谷神社より春日山遊歩道に入る。

　緩やかに上っている広葉樹林に囲まれた吉城川に沿った広い遊歩道を約400m東に進むと、2体の地蔵石仏（鎌倉中期造立とされる）と高さ1m程度の六角石柱の地蔵石（1520年に円空上人によって造立されたとされる）が鎮座していた。さらに、100m程度進むとホテル月日亭への分岐となり、右側の遊歩道を進む。

　しばらく東に進み、若草山に向かう北に延びる遊歩道を歩き、森林浴を楽しみながら上って行き、中水谷休憩舎を過ぎるとまもなく鎌研交番所（奈良公園の巡視員の詰め所）に至り、右に曲がり、新若草山ドライブウェイを東に進む。

　ゆるやかな未舗装の広葉樹林に囲まれた道路を東に200m程度進むと18丁休憩舎があり、しばらく休息後、東に進んでいくと形が異なる地蔵が4体並んでいる花山地蔵の背があり、それを過ぎると周りはスギが多い森となり、雰囲気がガラリと変わる。

さらに道路を進んでいくと大原橋休憩舎が見え、その傍の赤い大原橋を渡り、シイ、カシ類主体の広葉樹で囲まれた鬱蒼とした春日山原始林の中をしばらく北に進む。左に曲がると滝見台があり、マイナスイオンを浴びながらじっくりと落差 10m 程度の直瀑の鶯の滝を見ることができる。鶯の滝は、水音が鶯の鳴き声に似ていることから名づけられたらしい。

　鶯の滝を後にして、鎌研交番所まで戻り、若草山の三重目（標高 341.7m）に至り、西側に奈良市の街並みの眺望を楽しんだ。なお、山頂にある三等三角点、5 世紀頃に築造された全長 103m の前方後円墳・鶯塚古墳へは、文化財保護のため立入り禁止となっている。

　広さ 33ha で、芝生で覆われた若草山の頂上より、遊歩道に戻り、遊歩道通行料 150 円を払い、遊歩道を歩きながら、鹿がくつろいでいる様子、眼下の奈良市の街並み等を楽しみながら、二重目（標高 305m）、一重目（標高 270m）と下り、北ゲートを出た。

　麓の商店街で休憩後、奈良公園、東大寺大仏殿、正倉院に立ち寄って、今小路バス停より、JR 奈良駅に戻った。

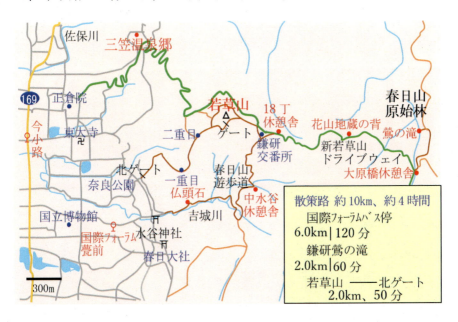

春日山遊歩道入口

星田山の山頂

18丁休憩舎

花山地蔵の背

佐保川に注ぐ鶯の滝

春日山原始林碑のある大原橋休憩舎

鎌研交番所

若草山三重目からの眺望

二重目方向の眺望

二重目からの眺望

北ゲート付近からの若草山展望

東大寺の大仏
(高さ15m、幅12m、重量250t)

(5) 有田川源流の森・高野山

　有田川は、和歌山県・高野町の揚柳山（標高1008.6m）を源とし、約1200年前に弘法大師・空海が修行の場として開き、2004年に「紀伊山地の霊場と参詣道」として世界遺産に登録された高野山域を通る。高野山域より南西方向に流れ、二川ダムの少し先より西に向きを変え、紀伊水道に流れ込む、延長94km、流域面積468km^2、流域人口約8万人の二級河川である。

　有田川源流の森・高野山は、真言密教の修行道場として開かれたこと、および世界遺産に登録されたこと等で、森林や自然環境が良好に保全され、針葉樹主体の森林に、町石道、女人道、京大坂道、京大坂不動道等の古道に沿って寺社、お堂、地蔵等が多くある。

　また、森林浴に適した森林として、2007年に森林セラピーソサエティより、森林セラピーの森として認定された。

　さらに、高野山のある高野町では、100を越える木造寺院の建築・修繕用材の永続的自給を行う「高野六木制度」がある。高野六木制度は、6種の針葉樹（スギ、ヒノキ、コウヤマキ、アカマツ、モミ、ツガ）を選択的に育成し、木造寺院の建築・修繕のみで伐採を行うとともに、苗木を植栽し、天然下種更新を行う制度である。その制度により、高野山の森林は、地球環境保全、水源涵養、土砂流失防止、保養保健の場等の機能を維持する一役を担っている。

　高野山の散策は、極楽橋駅よりスタートした。朱色の極楽橋を渡り、京大坂道不動坂（旧道）を進み、針葉樹に囲まれた遊歩道を息切らしながら上って行くと、コウヤマキが多く見られる不動女人堂（1872年に女人禁制が解かれるまでの女性のための参籠所）に至る。一服後、女人道に入り、しばらく上って行き、弁天岳（標高984.2m）を経て、南に下っていくと周りにツガが多く見られる大門（高野山の総門）に至る。

　大門より町石道を進み、壇上伽藍（主要な法会が行われる場所で、金堂、根本大塔、不動堂等で構成）、金剛峯寺（高野山真言宗の総本山で、豊臣秀吉が母の菩提を弔うために建立）、金剛三昧院（北条政子が源頼朝、頼家、実朝の菩提を弔うために建立）等に立ち寄り、一の橋よ

り奥之院参詣道に入った。

　樹齢数百年の杉の大樹に囲まれ、幽玄な雰囲気が漂う森林内に建立されている石田三成、武田信玄、織田信長等の多くの戦国武将等の墓標、供養塔を見ながら、北に進む。高野山は、天下の総菩提所とされ、この地で弔えば、空海の偉大な力によって極楽浄土に行くことができるとして、多くの墓碑等が建立された。

　御廟橋から北は神聖な霊場となり、灯籠が並ぶ参詣道を清らかな気持ちで北に進み、奥之院・弘法大師御廟を見学した。

　奥之院よりさらに北に進み、森林セラピーの体験場の一つである苗畑で、苗木が多く植栽され、光が注いで鮮やかな雰囲気の森で、しばらく森林浴を楽しんだ後、奥之院から玉川（有田川の支川）沿いの道を南に進み、河川景観を楽しみ、奥之院バス停より帰路に就いた。

不動谷川に架かる極楽橋

京大坂不動坂・いろは坂

清不動堂

不動女人堂

女人道

嶽辨財天社を祀る弁天岳

大門
(高さ25m、間口21m、奥行8m)

二町石碑付近の町石道

壇上伽藍
(左:金堂、右:根本大塔)

金剛峯寺

奥之院参詣道

御廟橋からの奥之院・弘法大師御廟

（6）生田川源流の森

　二級河川・生田川の源流の森は、摩耶山（標高698.6m）山麓の人工湖・穂高湖（面積約9500m²）付近であり、天然の広葉樹林が広がり、森林浴を楽しめる散策道が整備されている。

　生田川は、穂高湖よりシェール道（明治時代、ドイツ人のシェール氏が好んで歩いたことで名づけられた）に沿って西進した後、神戸市立森林公園の東門付近よりトゥエンティクロス（20回渡渉することより名づけられた）に沿って南下し、布引貯水池を経て、新神戸駅下を通り、神戸港に注ぐ、長さ約9.5kmの河川である。

　新神戸駅より神戸港までの約2kmは、明治時代のはじめまでは現在の市営地下鉄に沿ってあったが、天井川でたびたび浸水被害があり、商人・加納宗七によって1871年少し東に幅約18m、深さ約4.5m、長さ約1.8kmの河川が整備され、旧河川は埋め立てられた。昭和になって、都市計画事業により、河川の幅約10m、深さ約4.5mとなり、新生田川とも呼ばれ、河川に沿って遊歩道が整備された。

　生田川の下流域（新神戸駅より南）には、桜が植栽された生田川公園が整備され、桜の名所となっている。生田川の中流域には、布引の滝、布引貯水池、布引五本松ダム等があり、ハイキング道が整備され、多くのハイカーが訪れている。生田川の上流域〜源流域には、河川沿いにトゥエンティクロス、シェール道、徳川道等があり、渓流に沿って摩耶山までのハイキングを楽しむことができる。

　生田川源流の森の散策は、JR三ノ宮駅よりスタートする。新神戸駅までは新生田川沿いを歩き、新神戸駅より布引貯水池までは、眼下に渓流を眺め、和歌の石碑を時折立ち止まって鑑賞し、森林浴を楽しみながらのんびりと進む。地獄谷出合いよりトエンティクロスに入り、少し先の崖崩れ箇所を注意して通った後、散策道より蛇行して流れている渓流を眺め、何度か徒渉しながら、北に進むと桜谷分岐に至る。

　桜谷分岐よりシェール道に入り、流れが緩やかになった渓流に沿って何回か渡渉しながら広葉樹林帯を東に進むと穂高湖に至る。

　シェール槍に上った後、穂高湖の周りの散策道を歩きながら、源流

域の広葉樹林を背景とした湖辺の風景をしばらく堪能した。

　穂高湖の南より、アゴニー坂（Agony（激しい苦痛）を伴う坂であることから名づけられた）を通り、摩耶山より、ロープウェイ、ケーブル、バスを利用してJR三ノ宮駅に至り、帰路についた。

生田川下流域(新神戸駅近く)

生田川中流域(布引渓流)

生田川源流域(シェール道)

河童橋

八洲嶺砂防ダム
(高さ14.0m、長さ61.5m)

穂高湖周遊道

303

（7）住吉川源流の森

　二級河川・住吉川は、六甲山の山麓を源流とし、白鶴美術館手前で西谷川と合流し、大阪湾に注ぐ長さ約 8km の神戸市随一の清流で、アユ、モクズガニが遡上、降下する河川である。

　住吉川は、六甲山の山麓から西谷川と合流するまでの約 5km が上流域、菊正宗酒造記念館傍の島崎橋までの約 2.9km が中流域、大阪湾までの 0.2km が下流域とされている。

　中流域は、市街地にある天井川であり、1938.7 月、1961.6 月、1998.9 月等にたびたび水害が起こった。特に、1938.7 月の水害は、死者 616 人、床上浸水 22,940 戸の大水害が起こった。

　1938.7 月の水害を契機として、上流域に砂防堰堤、中・下流域に河道拡幅、三面張構造、河床勾配を安定化させるためにアユの遡上を考慮した落差工、防潮堤等の整備が進められた。

　河川治水対策の強化により、水害の被害がなくなったので、河川を近隣の人達等が憩える場所とするために、上流域には自然歩道（太陽と緑の道、7.3km）、中・下流域には河道に遊歩道（清流の道、3km）、階段護岸、渡り石、公園等の整備が行われた。

　住吉川源流の森の植生は、大半が人の手が加わった二次植生である。二次林として最も広い面積を占めるのがアカマツ - モチツツジ群集で、次に落葉広葉樹林であるコナラ - アベマキ群集で、常緑広葉樹林であるアラカシ群集等が小規模に分布する。東おたふく山は、二次草原が広がり、ススキ - ネザサ群落を形成している。

　住吉川源流の森散策は、JR 住吉駅をスタートし、住吉川の河道の清流の道を白鶴美術館まで進み、自然歩道・太陽と緑の道より東おたふく山を経て、東おたふく山登山口バス停に至るコースを紹介する。

　JR 住吉駅より東に少し進み、住吉川の河道に整備された遊歩道・清流の道（魚崎浜町、深江浜町を埋め立てる際のダンプ専用道路）を落差工による水の流れのようすや魚影を楽しみながら北に進む。白鶴美術館付近から河道より上がり、しばらく道路を歩き、水車小屋跡より自然歩道・太陽と緑の道に入り、住吉川の渓流に沿って北に進む。

上流域の住吉川は、中・下流とは様相が大きく異なり、ほとんど整備されておらず、河道には草が茂り、河沿いには樹木が茂り、景観を楽しむことができず、ひたすら広葉樹林で囲まれた散策道を上って行くと六甲山系の最大の砂防堰堤である五助堰堤（堤長 78m、堤高 30m の重力式コンクリート造）に至る。

　五助堰堤から勢いよく落下する水流をしばらく堪能した後、五助堰堤の上流に進み、湿原のような雰囲気に癒されながら木道を進む。

　森林浴・渓流美を楽しみながら北に進み、本庄橋跡を過ぎ、土樋割峠を経て、東おたふく山に至る。所々にある広葉樹の間をネザサの草原が広がり、開放的な雰囲気で、気持ちが落ち着き、頂上から眼下の神戸の街、神戸港の眺望を楽しむ。

　東おたふく山より東に下り、東おたふく山登山口バス停より、JR芦屋駅に向かい、帰路に就いた。

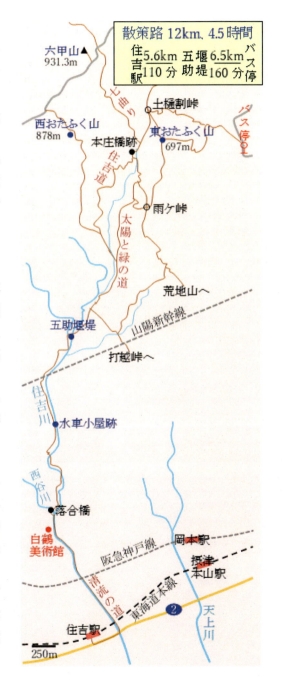

清流の道

五助堰堤

石畳

源流域の景観

(8) 武庫川源流の森

　二級河川・武庫川の源流は、丹波篠山市の龍蔵寺川上流の愛宕山（標高648m）の山麓にある。

　愛宕山は、三国ケ岳（標高648.1m）、中尾の峰（標高658.8m）と合わせて太平山と称され、摂津と丹波の境界にある。かっては山麓の龍蔵寺、山頂近くの愛宕堂を拠点とし、修験道の行場として繁栄していたことで、山頂までの道のりは短いが非常に険しい。

　愛宕山山麓にある龍蔵寺は、法道仙人によって645年に開かれた古刹寺院で、現在も古来から伝わる様式で護摩法要等が行われている。

　武庫川は、40余りの支川と合流し、三田市、宝塚市、尼崎市、西宮市等を蛇行しながら通って大阪湾に注ぐ長さ66kmの河川で、「暴れ川」として知られ、都市化の進んだ下流域ではたびたび浸水被害があり、河道掘削、高堤防の設置等の治水対策が進められている。

　源流の森がある愛宕山へは、3つの散策コースが設けられている。

　距離は短いが険しい中央コース、源流の森がある龍蔵寺川に沿った南コース、春に黄金色の花を咲かすミツマタ群落がある東コースである。

　なお、愛宕山は、松茸山なので9/10〜11/15は入山規制がされ、11/15〜1/15は狩猟解禁期間であるので入山を控えるのが望ましい。

　源流の森へは、JR福知山線・南矢代駅より歩くか（約4.5km）、タクシーで行くか、自家用車で行くかである。

　ここでは、車を利用し、龍蔵寺手前の駐車場に止め、東コースを通って満開のミツマタを楽しみながら愛宕山に上り、南コースを通って源流の森の雰囲気を味わい、駐車場に戻るルートを紹介する。

　駐車場より少し進むと分岐があり、左側の林道に入る。しばらく緩い上り坂を東に進むと、散策道沿いやスギ林の間に黄金色に色づいたミツマタの群落が広がっており、壮観さにしばらく見とれた。ミツマタは鹿の忌避植物であるので、食べられずに残っている。

　林道の終点手前で右に曲がり、細い道を上っていくと分岐（520m）に至り、愛宕山への近畿自然歩道を進むと見晴らしのよい所となり、北に三岳（793m）、西ケ獄（727m）等の多紀連山、眼下に篠山城跡

等の街並みを見ることができる。少し進むと愛宕山の山頂となり、少しの空間があるが、スギの枝が張り、遠くを見通すことができない。

尾根筋を鉄塔に沿うように西に進んだ後、下っていくと南コースと出合い、岩伝いに少し下ると苔の付いた岩に囲まれた所に「武庫川」「源流」と記した小さな表札があり、石の間より水が浸みだしており、いくぶん幻想的な雰囲気を味わいながらしばらくたたずんだ。

源流頭の少し先より源流に沿った散策道に入り、急な下りを注意深く進むと、龍蔵寺川の渓流の流れがはっきりとなる。スギ林に囲まれた薄暗い道をせせらぎで気を紛らしながら下っていくと龍蔵寺の門があり、それをくぐると本堂に至り、参拝して駐車場に戻った。

田口池から愛宕山眺望

ミツマタ群落

近畿自然歩道

東コースのブナ林

武庫川の源流頭

上流域の龍蔵川

龍蔵寺

（9）吉井川源流の森・若杉原生林

　若杉原生林は、一級河川・吉井川水系の支川で最大の吉野川の源流域の氷ノ山後山那岐山国定公園の特別保護地区の西粟倉村にあり、標高950-1200mに広がる面積約83haの天然林で、遊歩道が整備され、森林浴の森百選に選ばれている。

　原生林には、ブナ、ミズナラ、カエデ等の高木、オオカメノキ、オオイタヤメイゲツ等の低木、チシマザサ等の林床植物等の約200種の植物が広がり、渓流のせせらぎ、野鳥のさえずり、木々の揺れる音、樹木の間よりさす光等より、深山幽谷の様相を呈している。

　吉野川は、若杉峠を源流域とし、中国自然歩道に沿って南下し、美咲町飯岡で吉井川と合流するまでの長さ62.1kmの河川である。

　若杉峠は、かって美作と因幡を結ぶ要路であったことで、旅人の安全を願って、1754年に建立された地蔵尊が祀られている。また、吉井川水系吉野川の源流域であり、清らかな渓流がブナ林を流れている。

　若杉原生林は、岡山県と鳥取県との県境の山里深い場所にあり、鉄道駅、バス停が近くにないので、自家用車で行くか、智頭急行・あわくら温泉駅よりタクシーで行く等が考えられる。

　県道72号線の終点の峰越峠の空き地に車を止め、第一分岐、第二分岐を経て、若杉峠に至った後、しばらく南下して吉野川沿いの中国自然歩道を進み、第三分岐を少し過ぎたところで東に延びる舗装道を進み、峰越峠に戻る約9kmのルートを紹介する。

　峰越峠（標高1100m）の空き地（かっての東屋跡）に車を止め、その少し先を右折すると散策道に入る。ブナを中心とした大木がある風景が連続して続き、適度に光がさす森林を枯葉でシャキシャキと鳴る音でリズムをとりながら気持ちよく北に進むと第一分岐点があり、左側にヒノキ・スギ林、右側にブナ林の間の道を少し先に進むと江浪峠への分岐（標高1115m）に至る。

　しばらく歩くと展望が開け、北に氷ノ山等を見ながら進んでいくと第二分岐の吉川林道出合と合流し、その少し先に高くそびえ、枯れかかった一本杉があり、コースの目印となる。

散策道を下り、作業小屋を過ぎ、案内板が取り付けられているスギの木を右に曲がり、しばらく上って行くと、スギとチシマザサで囲まれた所に祀られている地蔵尊がある若杉峠（標高1052m）に至る。

若杉峠より少し北にある展望台に向かう。展望台周囲はスギ林で囲まれているが、北になんとか後山、三室山等を見ることができる。

若杉峠まで戻り、中国自然歩道を南に下っていくと、苔が付着したブナ、岩石を中心とした原生林に、吉野川源流域の渓流が流れており、幻想的な雰囲気を醸し出している。ここより吉井川水系支川の吉野川の最初の一滴が始まっていると思うと感慨深く感じる。

苔の付着したブナ、岩石、渓流による森の風景を楽しみながら散策道を下り、休憩舎、駐車場等のある場所で休息後、第三分岐を少し過ぎた所で東に曲がって舗装道を進んでいくと峰越峠に至る。

手軽に若杉原生林の雰囲気を楽しむには、第三分岐の北の駐車場まで車で行き、若杉峠までの片道1.5kmを往復することである。

峰越峠の登山口

第一分岐手前の散策道
風雪によって樹木が曲がっている

三国平への分岐

一本杉

若杉峠

吉野川源流付近

若杉原生林入口(駐車場の傍)

（10）吉井川水源の森・岡山県立森林公園

　岡山県苫田郡にある岡山県立森林公園は、1975年に整備された吉井川水系の羽生川の源流域にある面積約334haの広大な森で、下流域に灌漑用水、上水道用水を供給している。

　森林公園は、ブナ、ミズナラ、カエデ、マルバマンサク、カラマツ等の天然林が約86％を占め、森林浴、ハイキングの適地であり、森林浴の森百選、水源の森百選に選ばれている。

　また、森林公園の渓流沿いの湿地帯は、山野草の宝庫であり、春にミズバショウ、ザゼンソウ、キクザキイチゲ、イワウチソウ、夏にコケイラン、トキソウ、カキラン、ヤマホトトギス、秋にオタカラコウ、ホクチアザミ、ウメバチソウ、リンドウ等が咲き、森が彩られる。さらに、秋に色づいたマユミ、カラマツ、ブナ、ミズナラ等を背景に、渓流や滝等が神秘的な雰囲気をつくり出す。

　羽生川は、森林公園を源流域として南下し、吉井川に注ぐ長さ約13kmの清流河川で、アマゴ釣りや羽出地区にある泉源渓谷で滝巡り等を楽しむことができる。

　森林公園は、岡山県と鳥取県との県境の山里深い場所にあり、鉄道駅、バス停が近くにないので、自家用車で行くか、JR姫新線・院庄駅よりタクシーで行くか、津山駅でレンタカーを借りて行く等が考えられる。

　森林公園の散策は、自家用車で森林公園に向かい、公園内の駐車場に止め、管理センターより、マユミ園地、もみじ滝、千軒平、熊押し滝、ブナの平園地、管理センターを巡るコースを紹介する。

　管理センターよりマユミ園地に向かい、色づいた葉、ピンク色の独特の形状の果実をじっくりと観察した。その少し先に初秋に黄色花のオタカワコウが咲く湿原群落があり、時期を過ぎていたのでほとんど枯れていたが、鹿害で相当な被害を受けたようである。

　渓流の流れ、もみじ滝の水しぶきで心を癒されながらつづら折りのブナで囲まれた山道を北西に進むと標高1032mの尾根に至る。尾根筋を山道傍に咲く、リンドウで少し気を紛らしながら上ると、森林公園内ではきたけ峰（1108m）に次ぐ高峰である千軒平（1090m）に至る。

千軒平は高木がなく、草原となっており、見晴らしがよく、西方向に大山、蒜山等の雄大な山並みを見ることができる。
　ブナ等の紅葉を眺めながら下っていくと広場となっているもみじ平に至り、色づいたカエデの森をしばらく堪能した。
　紅葉したブナの樹林の中を、森林浴を楽しみながら下り、渓流沿いを上って行くと曲がりながら岩の間を数段で流れ落ちている熊押しの滝があり、森林を背景としたすばらしい渓谷美を醸し出している。
　紅葉したブナの樹林の中の道を落ち葉のシャキシャキとする音で気分を紛らしながら進んでいくと、ぶなの平園地に至り、ブナ林で心を癒されながら下っていき、いぼた園地の湿原脇に咲くリンドウや枯れずに咲いているオタカラコウ等を眺めながら管理センターに戻る。

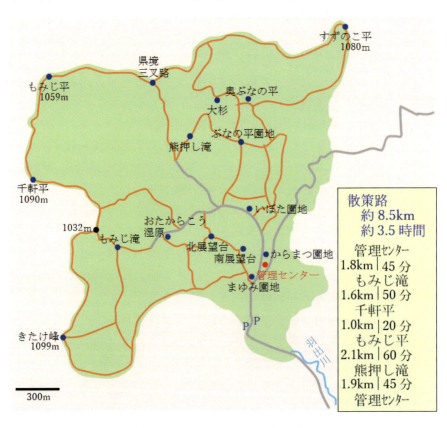

いぼた園地に咲くオタカラコウ

ブナの実
殻斗の中に2個の
三陵形の堅果がある

北展望台付近のブナ林

吉井川水系羽出川の源流域

まゆみ園地

大山
千軒平

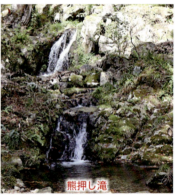
熊押し滝

すずのこ平　　　霧ケ峯

もみじ平の少し先付近からの眺望

（11）旭川水源の森・毛無山ブナ林

　岡山県真庭郡にある毛無山ブナ林は、一級河川・旭川水系の新庄川の源流域にある広さ約396haの広大な森林で、下流地域に生活用水、発電用水（作西水力発電所 最大出力73kW）を供給している。

　毛無山ブナ林は、かって、修験道の行場として開かれ、その後、たたら製鉄が盛んに行われ、樹木が製鉄に必要な薪炭材として利用されていたことで、人が常時出入りしていたが、たたら製鉄が衰退するに伴い、森林が荒れて行ったので、岡山県は豊かな自然林を後世に残すため、1993-2002年に約264haを公有化し、森林の保全に努めている。

　毛無山ブナ林は、標高800m付近まではスギ林、それ以上が樹齢100年程度のブナ林を中心とした天然林が約74％を占め、多種多様な動植物が生息し、清らかな渓流等で豊かな自然を形成し、水源の森百選に選定されている。

　山麓の山の家より、毛無山（1218.5m）、白馬山（1060m）の周回ハイキングコース（約6.5km、約3.5時間）が整備されているとともに、山麓には特定非営利活動法人・森林セラピーソサエティにより認定された森林セラピーロード・ゆりかごの小径（2km、案内付きの有料で散策可能）があり、森林浴を楽しみながら、自然美を堪能できる。

　また、毛無山ブナ林はイワカガミ、カタクリ、キクザキイチゲ、ユキザサ、タチツボスミレ、トキソウ、ササユリ、マツムシソウ、オオカメノキ等四季折々の山野草が森を彩り、特に毛無山から白馬山への尾根筋の標高1200-1100m付近では、4月末に6弁の紅紫色の花を咲かすカタクリ群落は見応えがあり、かおり風景百選に選ばれている。

　毛無山は、中国百名山の一つで、大山隠岐国立公園の一角にある石英安山岩からなる残丘であって、遠くから禿山のように見えることから名づけられたようである。山頂には、3本の柱で組み合わされた頂上標柱、その前に三等三角点（点名：田浪）がある。

　新庄川は、毛無山の山麓の標高820m付近より流れ出し、出雲街道（姫路〜松江までの約205km）沿いの新庄宿を通り、JR月田駅の少し北の旭川と合流するまでの長さ約28kmの河川である。

毛無山ブナ林へ行くには、近くに公共交通機関の駅・停留所がないので、JR姫新線・中国勝田駅よりタクシ、レンタカーを利用するか、自家用車を用いるかである。

　毛無山ブナ林の散策は、駐車場、トイレ等がある毛無山ビジターセンター（標高約690m）が拠点となる。

　センターを出発し、しばらく舗装道を進むと、分岐があり、左側の毛無山への山道を、スギ主体の森を渓流のせせらぎで心を和ませながら進む。三合目、四合目・・と表示板があり、どのくらい上ったかの目安となり、心強い味方となる。五合目当たりの大岩を過ぎると傾斜がきつくなるが、ブナの木、山野草が多く見られるようになり、森の雰囲気ががらりと変わり、森の美しさに見とれ、心が和らぐ。

　九合目の休憩舎付近より、樹木のない禿山状態の山頂がはっきり見え、気持ちを高めて急な坂を上って行くと毛無山の山頂に至る。

　山頂は広場となっており、3本の木を組んだ頂上標柱、その前に三等三角点がある。山頂からの眺めはよく、北に大山、隠岐島、北東に蒜山、北西に弓ヶ浜を一望でき、しばらく眺望を楽しんだ。

　山頂より北に向かってなだらかな稜線を下っていくと、種子から開花まで8-9年を要し、40-50年の寿命とされるカタクリの群生が続くが、白馬山に近づく（標高が低くなる）に伴い、勢いがなくなる。カタクリは、早春の妖精と呼ばれており、おしべ、めしべが下を向き、朝日を浴びると紅紫色の花弁が反り返って上を向いた独特の形状で咲き、日暮れになると閉じる運動を繰り返す。これは、昆虫が止まりやすく、蜜を吸いやすくし、受粉をしやすくして、生き延びるためと言われ、不思議な生存の道を選ぶものだと感心しながら、しばらく見とれた。

　カタクリ群生を楽しみながらブナ林のなだらかな稜線を下っていくと白馬山に至る。山頂には石製のベンチと少しの空間があるが、眺めはよくなく、樹木の間より、なんとか大山を見ることができる。

　山頂よりブナ林を少し下ると、東に土用ダムを見ることができる。しばらく進むと、傾斜が急なスギ林となり、ひたすら下ってビジターセンターに戻る。

散策路
約 6.5km
約 3.5 時間

ビジターセンター
2.2km | 90 分
毛無山
2.0km | 60 分
白馬山
2.3km | 60 分
ビジターセンター

カタクリの花

毛無山ビジターセンター

渓流に沿った登山道

四合目

九合目の休憩舎

大山
毛無山の山頂

カタクリが群生する尾根道

白馬山の山頂

（12）千代川水源の森・芦津水辺の森

　鳥取県八頭郡智頭町にある芦津水辺の森は、氷ノ山後山那岐山国定公園にある東山（標高 1388m）山麓にあり、一級河川・千代川の源流域にある北股川流域に広がる面積約 173ha の森で、下流域に灌漑用水、生活用水、発電用水を供給している。

　森は、スギ、ミズナラ、ブナ、トチノキ、カツラ等の天然林 100％の混合林で、水源の森百選に選ばれている。

　芦津水力発電所の東約 1.2km の駐車場近くから三滝ダムまでの中国自然歩道道沿いの約 2.3km の北股川流域は、芦津渓谷と呼ばれ、V 字型に深く刻まれた花崗岩の岸壁の間を清流が蛇行しながら流れている。清流は、巨岩にぶつかって水しぶきを上げ、落差が変化するところでは滝となり、淵、瀬等で流れが緩やかとなる等のかなりの変化を伴いながら流下している。また、この渓谷には、カワガラス、キセキレイ、カワセミ、ミソサザイ、オオルリ等の多くの種類の野鳥が生息し、個々の鳴き声を聞き分けながら散策するのも楽しいだろう。

　芦屋水辺の森には、三滝ダム建設時に使用されたトロッコ鉄道廃線跡に設けられた中国自然歩道コース（約 2.3km）、三滝ダム周辺コース（約 1.3km）、芦津源流コース（約 2.0km）の 3 つの散策コースが設けられ、森林セラピーロードとして認定されている。

　北股川は三滝ダムより智頭町の大内水力発電所近くの千代川と合流するまでの約 12.5km の河川であり、三滝ダムより導かれた地下水路による水力で発電を行っている芦津発電所（最高出力 2600kW）、新大呂発電所（最高出力 12700kW）、大内発電所（最高出力 1450kW）がある。

　三滝ダムは、1937 年に完成した日本最後のバットレスダム（水圧を受ける鉄筋コンクリート版（遮水壁）をバットレス（扶壁）と呼ばれる複数のコンクリート製柱で支える構造のダム）であり、日本に現在 6 基しかないことで土木学会推奨土木遺産に認定されている。規模等は、堤高 23.8m、堤頂長 82.5m、有効貯水容量 15.8 万 m^3 で、堤体の左右に自然放流式の余水吐を有し、主に発電用に用いられている。

　芦津水辺の森へ行くには、JR 因美線・智頭駅で下車し、バスに乗り、

終点の芦津バス停で降り、約40分歩くと中国自然歩道コースのスタート地点に至るが、本数が少ないので留意が必要である。あるいは、智頭駅よりタクシー、レンタカーを利用するか、自家用車を用いるかである。

　芦津水辺の森の散策は、中国自然歩道コースのスタート地点の駐車場を拠点とし、中国自然歩道コース、三滝ダム周辺コース、芦津源流コースを巡る往復約9kmのコースを紹介する。

　駐車場をスタートし、しばらく舗装道を歩いて沖の山トンネル手前で芦津渓谷に入り、眼下に渓流を眺めながら、カエデ、ナラ等の紅葉とスギ等の緑が織りなすコントラストを楽しみながら幅広いトロッコ路線跡の散策道を進んでいくと、傾斜し、ごつごつとした「烏帽子岩」という巨岩が目に留まる。崖と崖を結ぶ橋をいくつか渡り、しばらく進んでいくと黒い斑点が散らばっている「小豆転がし」と呼ばれる断崖、亀の甲羅のような亀岩があり、さらに進むとゴウゴウと音が大きくなっていき「三滝」と呼ばれる高さ約21m、幅約10mの滝が、2筋（水量が少ないと3筋）で水しぶきをあげながら勢いよく滝つぼへ流れているが、滝壺に行く道がなく、樹木に阻まれ、まじかで全容が見られないのは残念である。

　樹木と渓流が織りなす渓谷美を楽しみながらしばらく進むと、三滝ダムが見え、堤体の特徴的な構造、余水吐から流れる水に目を見張る。

　天端を歩き、ダムの北側に進み、ダム湖の湖面に映る新緑や紅葉の水景と生い茂る森のバランスが絶妙で印象的な景観を楽しみながら大川に架かる吊橋を渡り、芦津源流コースに入る。

　芦津源流コースは、大川に沿った渓流と遊歩道が近く、大小の滝が点在し、凹穴群、巨石と清流が織りなす造形美と色づいた樹木がもたらす渓谷美が美しく、野鳥のさえずりも呼応して、憩いながら楽しく散策でき、終点の二ツの滝は落差約5m、幅約15mで、遊歩道より階段を下るとまじかに見えるので、豪快さを感じることができる。

　帰路は、同じ道を別の角度よりブナ等の樹木と渓流が織りなす渓谷美を楽しみながら駐車場まで戻った。

散策路
約9km
約3時間
駐車場
2.3km｜40分
三滝ダム
2.2km｜50分
二ツの滝
4.5km｜90分
駐車場

三滝

中国自然歩道コース景観

芦津渓谷駐車場

三滝ダム

吊橋

芦津源流コース景観

二ツの滝

7.7 渓谷・渓流

　河川の浸食によってできた周囲よりも低くなった細長い地形である渓谷・渓流は、山、河川に囲まれた源流域、上流域に存在する。

　渓谷・渓谷は、山岳宗教の修行場、渓流や滝を登ったりする沢登りの場、水遊びの場、イワナ、ヤマメ等の渓流釣りの場、舟による川下りの場、カヌーによるラフティングの場等として利用されている。また、渓流沿いの空間はキャンプ場、渓流沿いに整備された歩道はハイキングコース、山頂を目指す登山コース等として利用されている。さらに、雄大さ、神秘さ、艶やかな色彩美、迫力ある景観、希少な動植物に心惹かれ、カメラマンや画家等の活躍の場となっている。

　渓谷・渓流には、滝、淵、早瀬、平瀬、岩石等よりなる所があって、景観、ダイナミックさを楽しむことができるとともに、固有の動植物を観察し、森林浴をしながらハイキングを楽しむことができる。

　渓谷・渓流は、人目の多い地域より離れた河川の源流域、上流域にあり、ダム建設により消滅したり、人手不足、資金不足、自然災害等により、継続的な整備が難しくなり、荒廃が進んでいる。そのため、風光明媚な景観は損なわれ、散策道は荒れ、標識は朽ち落ち、通行不可・禁止になっているところが多くなっている。

　また、過疎化の進行により、バス等の公共交通便が大幅に少なくなったり、廃止されたりで、車、あるいは歩行でないと拠点まで近づけないところが多くなっている。

　民俗学者・柳田國男は、著書「明治大正史・世相篇」のなかで、「庶民は風景を自分のものと思っていないし、人の力で統御することができないと思っている。風景に無関心でいるうちに、大切な風景を壊して未来の幸福を失おうとしている」と警告している。

　本書では、近畿、および岡山県の源流域、上流域で、遊歩道（林道）が整備された渓谷・渓流を紹介する。

(1) 鹿ケ壺

　姫路市の最北部に位置する安富町関地区は過疎化が進行し、2023年3月末で32人、24世帯が暮らし、65歳以上の割合が約70%を占め、消滅集落への移行が始まっている限界集落となっている。

　この村の活性化のため、安富町出身で、宝塚市在住のかかし職人である岡上正人氏（57歳）が、2009年より、本物と間違うほど精巧であって、農作業や日常生活の様子を表現したかかしを制作し、田畑、川沿い、家屋前に展示し始め、現在、約100体が村のにぎわいの一役を担っている。

　一方、関地区には、雪彦山の山麓、林田川支流の坪ヶ谷に位置するところに名勝鹿ケ壺がある。鹿ケ壺は岩山の急斜面を流れる多段の滝で、全体の垂直落差は70m以上に及ぶ。その周辺はハイキングコースが整備され、鹿ヶ壺をはじめ三ヶ谷の滝、千畳の滝、風穴、おおかつらの木等見所が多い。さらに足を延ばせば千畳平より約1.7km進んだ所にある雪彦山への登山も可能である。林田川支流の水流は岩肌に沿って蛇行し、落下する角度を幾度も変えながら落ちて、曲がり角や階段面において渦流となり、これが長い年月をかけて岩肌を侵食し、数十個もの甌穴を形成した。最大の瓶穴（滝壺）である最上段の鹿ヶ壺から最下段の尻壺までの6個の瓶穴には、古来より愛称が付けられている。

　鹿ケ壺周辺のハイキングは、「やすとみグリーンステーション鹿ヶ壺」の山荘を起点とし、いくつかのハイキングコースが整備されている。最も手軽なのは、鹿ケ壺、あるいは三ケ谷の滝までの往復コースであり、森林浴を楽しみ、自然の造形美の醍醐味を実感できるのは山荘〜鹿ヶ壺〜千畳平〜三ケ谷の滝〜山荘までの約4kmの周回コース（徒歩約2時間）である。

関地区のかかし

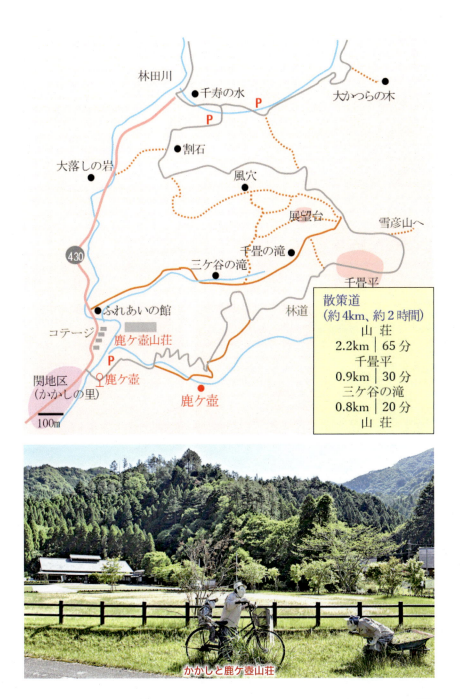

かかしと鹿ケ壺山荘

駒ノ立洞

鹿ケ壺

三ケ谷の滝への散策道

千畳平(キャンプ場)

三ケ谷の滝

（2）神鍋溶岩流

　神鍋火山群は、今から約2万年〜3千万年前にかけて噴火活動をしており、火山の噴火によって噴出した溶岩は、稲葉川に沿った谷を埋め尽くしながら流れ、約15km下流の円山川まで達した。高熱で流れ出した溶岩は、冷えて固まるまでにたくさんの滝や複雑な地形をつくりだすとともに、その後の水の浸食によってすばらしい景色を生み出した。最近、十戸の滝〜八反の滝間の3.5kmが散策道として整備され、滝、淵等の約30ヶ所の見所があり、清流のマイナスイオンを浴び、森林浴をしながらの散策は癒しの時間を与えてくれる。

　ウォーキングの起点は、道の駅神鍋高原で、電車・バスでは、JR江原駅よりバスを利用し、車では道の駅神鍋高原の駐車場を利用する。

　神鍋溶岩流の全コースは、十戸の滝〜八反の滝間の約3.5kmであるが、山宮〜十戸の滝間は、河川敷より離れ、見所も少ないので、道の駅神鍋高原〜八反の滝〜山宮間の片道約4kmのコースを紹介する。

　道の駅神鍋高原より県道482号を東に進み、名色バス停で南に進み、稲葉川へと下っていくと「八反の滝」に着く。この滝は落差24mあり、神鍋溶岩流の滝の中では一番大きく、滝壺が大きいので、飛沫を浴びてヒンヤリ感を味わいながら、じっくりと眺めることができる。

　河川敷きを東に進むと、昔あった金鉱山の鉱道入口だった「まぼ」に至る。さらに東に進むと、水流で削られたいろんな形の褐色の溶岩で形成された「貝殻淵」、「銚子淵」、「釜淵」等の自然の造形美を味わった後、二度の火山噴火による時間差でできた「二段滝」で神秘の様相を味わいながらしばらく時間を過ごした。

　二段滝より、河川敷を少し離れ、民家の間を進み、稲葉川に架かる橋を渡り、郵便局前で東に進むと、「清滝遊歩道」に入った。

　民家を通り抜けるときは、いくぶん興ざめた感じとなったが、清滝遊歩道は、樹木が繁り、河川敷近くを歩き、「デリガシ滝」、「小滝」、「畳滝」、「ネエ滝」等、連続して変化に富んだ様相を眺めることができ、爽快な気分で、自然美を堪能できる。

　変化に富んだ大小の溶岩とゆったりと流れる水よりなる「せせらぎ

淵」を過ぎ、北に少し進むと山宮バス停に着く。山宮バス停より、同じ道を歩いて戻れば、逆の角度から自然美を眺めることができ、新たな発見を味わうことができるのではと考える。時間があえば山宮バス停より道の駅までバスで戻ることも可能である。

　一服処は、道の駅神鍋高原の食事処がよいと考える。

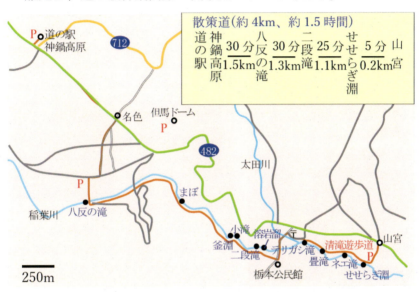

神鍋山

溶岩瘤

テリガシ滝

畳滝

八反の滝

清滝遊歩道

（3）天滝渓谷

　兵庫県最高峰の氷ノ山を源とする渓流・天滝（てんたき）川に沿った渓谷で、滝と森林が造り出す景勝地。原生林に覆われた渓谷沿いの遊歩道は「森林浴の森 100 選」、「ひょうご森林浴場 50 選」に選定されている。また、渓谷には数多くの滝があり、中でも天滝は落差 98m で、天から降るかのように流れ落ちる荘厳で力強い姿より、「日本の滝 100 選」にも選定されている。さらに、日本経済新聞（2013.8 月）による圧巻、大迫力滝の名所ランキングで、山歩きも満喫できる滝部門で、安の滝（秋田県）、羽衣の滝（北海道）、三条の滝（福島県）に次いで第四位となった。

　天滝までの渓谷には、しのびの滝、岩間の滝、連理の滝、糸滝、久遠の滝、夫婦滝、鼓ヶ滝の滝群があり、春の新緑、秋の紅葉を背に落ちる滝、厳寒に凍る滝、四季折々の美しい姿を見ながら、また、広葉樹林で木陰となった山道で森林浴を楽しみながら散策できる。

　散策の起点は、レストハウス天滝バス停より約 1km の駐車場が最も便利である。JR 和田山駅から 7-11 月、土日祝日に運行するバス（たじまわる 4 号）、JR 八鹿駅からのバスがあるが、曜日、本数が限られており、事前確認の上、利用されることを勧める。

　レストハウス天滝バス停より約 1km の駐車場を起点とする約 4.5km の散策コースを紹介する。

　駐車場には休憩所があり、そこで身支度を済ませ、天滝川にそった山道を西に向かって上りながら進むと、緑のコケに覆われた岩の間を流れ、落差は 2m 程度で水飛沫をあげながら滝壺に落下している「しのびの滝」が目に飛び込み、しばらく水の流れを楽しむ。広葉樹林で日陰となり、歩きやすい山道を上っていくと、幻想的な雰囲気を醸し出す「岩間の滝」、木々の間より切れ切れに見える幅があまりない「連理の滝」、数十 m の高さより糸状に見える「糸滝」、二筋の流れが一筋に交わる「夫婦滝」、落差 10m 程度の「鼓ヶ滝」と様相が異なる滝を眺めながら楽しむ。

　鼓ヶ滝を過ぎると、休憩所があり、そこを少し進むと「天滝」が見え、山の上より落下する豪快さ、飛び散る水飛沫が造り出す雰囲気、途中から幾重にも分流する水の流れ等で心が洗われ、感激する。さらに急

な鉄階段を上ると三社大権現があり、そこからは違った角度より、より近くに天滝が見え、飛んでくるマイナスイオンを帯びた飛沫で気分が和らぐ。滝の真下近くまで進むと、周囲に飛び散ったマイナスイオンを帯びた飛沫が体中に降りかかり、また、岩とぶっかって発する水の音、飛沫等より、別世界にいる雰囲気となる。

　感激の余韻を残しながら、上っていくと俵石方面と杉ケ沢高原方面との分岐に至り、俵石方面に進んでしばらくすると、山道のすぐそばに四角岩石が積み重なった「俵石」と称する地帯に着く。

　俵石は、240万年以上前の火山活動でできた溶岩が固まり、今の形になった。玄武岩からでき、柱状節理という。自然が造りだした造形美に心を打たれる。近くに東屋、標識、説明文がないので、理解を深めながらじっくりと観察できなのは残念である。

　俵石よりさらに進むと、広葉樹林が繁り、森林浴によいとされる平地となり、そこにログハウスの休憩所があり、昼食等をとりながら休息するのに適している。

　休憩所よりさらに進むと、昔、地元の但馬牛の共同放牧場として利用されていた広い草原となっている杉ケ沢高原に至るが、眺望がよいわけでもないので、休憩所より、元来た道を進み、違った角度より、滝や森林の眺めを楽しみながら駐車場に戻る。

　一服処として、レストハウス天滝がある。地元のたかきび粉（草丈150-300cmのイネ科植物で、実は数ミリの大きさで、アズキ色。夏バテによい成分が多い）を用いたうどんはこしがあり、人気がある。

レストハウス天滝

渓谷沿いの遊歩道

夫婦滝

俵石

森林浴の森

天滝

（4）阿瀬渓谷

　兵庫県豊岡市日高町の蘇武岳の麓、金山峠（標高760m）を源とする阿瀬川の最上流部にある渓谷で、阿瀬四十八滝と呼ばれる48の滝と広葉樹の森林が3kmにわたってあり、見事な景勝渓谷を演出する。この渓谷は、氷ノ山後山那岐山国定公園の区域に指定され、また「ひょうご森林浴場50選」、「ひょうご風景100選」に選ばれている。

　広葉樹に囲まれ、清流と多くの滝よりなる渓谷は、目に沁みる様な新緑、深い緑に包まれる夏、燃える様な紅色に染まる晩秋で、それぞれの味わいを楽しむことができる。

　48滝の中で、鋳物師（いもじ）が美しさにみとれた落差5mの「いもじが滝」、豪傑の伝説をもち、落差30mの白い瀑布がいく筋にも分かれて岩肌を落ちる「源太夫滝」、岩の形が恐ろしい落差10mの「恐れ滝」、落差30mの阿瀬渓谷最大の滝「龍王滝」、不動尊の分身とあがめられる落差15mの「不動滝」は、"阿瀬五瀑"と呼ばれており、見ごたえがある。

　森林浴コースで、赤林口と金山口間の約2kmの尾根筋は、トチの原生林、ナラ、ブナ、ケヤキ等が茂り、森林浴には最適である。

　阿瀬川上流部には、歴史を遡れば室町時代に栄えた金山鉱があり、生野の銀、阿瀬の金と呼ばれ、最盛期には千軒を数えたと言われる金山集落があった。昭和37年暮れに最後の一戸が離村し、500年の村の歴史が閉じられた。

　散策は、金谷バス停（JR江原駅からバス）を起点とすることも考えられるが、1日3便の予約運行であるので、利用しづらい。金谷バス停の少し西側の関電阿瀬発電所近くの駐車場まで車で行き、そこを起点とするのがよいと考える。

　阿瀬川は、思案橋で北の阿瀬川と南の若林川に分かれ、それぞれの川筋がハイキングコースとなっている。思案橋から時計周りに巡る方がいくぶん歩きやすいので、南側の若林川筋に沿って西に進み、若林口で北上し、金山口で阿瀬川筋に沿って東に進む森林浴コースを散策するのが森林浴と渓谷美を楽しむことができる。

散策道(約7.5km、約3.5時間)

駐車場 —20分/1.2km— 観瀑休憩所 —5分/0.1km— 思案橋 —35分/1.4km— 若林口 —45分/1.0km— 洗心台 —40分/0.9km— 金山口 —35分/1.5km— 思案橋 —5分/0.1km— 観瀑休憩所 —20分/1.2km— 駐車場

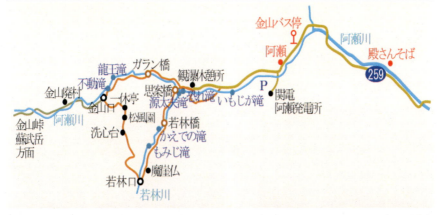

観瀑休憩所付近からの眺望

かえでの滝付近

源太夫滝

341

龍王滝付近

倒れ岩

龍王滝

百畳がふち

（5）赤西渓谷

　赤西渓谷は、宍粟市波賀町の赤西川に沿つた自然景観の美しい山域
である。この山域は、木材産地であり、大正8年（1919年）より
波賀林道鉄道・赤西線（5.9km）による搬出が行われたが、昭和33
年（1958年）廃止された。鉄道跡は、木材搬出が行われない時期は
ハイキング道として利用されている。さらにハイキング道の終点近く
の約800mが森林セラピーロード（科学的に裏付けられた森林浴ロー
ド）として2015年に日本セラピー協会より認定された。

　ハイキングとして、赤西川の河口より森林広場を経て先代スギまで
の約7kmを歩くことであるが、赤西川の河口より森林広場までの約
3,7kmは車で行くことができる。

　赤西川の河口にある駐車場に車を止め、鉄道敷設当時に片側が石垣
で補強された林道を西に進む。土場居橋の少し先に赤西取水場があり、
宍粟市の水道取水量の約10%を担っている大切な水源である。取水
場を後にして林道を進んでいくと、空間が広がっている大河ドラマ「軍
師官兵衛」タイトルバックのロケ地に至る。蛇行する渓流と紅葉が相
まってすばらしい自然美を形成している。

　渓流の様子と森林浴を楽しみながら西に進むとキャンプ場となって
いる森林広場に至り、数組の人たちがキャンプを楽しんでいた。

　森林広場のすぐ先に車止めがあり、その横を通り、北に進んでいく
と、2018年度台風の影響で、林道は相当荒れており、車が通れない
状況となっているが、歩くのは可能であるので、先に進む。

　渓流と林道の高低差が少なくなって、より渓流の様子を楽しみなが
ら北に進むと、森林セラピーツアーの基地となっている所に至り、休憩
用の小屋、トイレ、数台の数人掛けの木製テーブルがある。

　基地より林道周辺は広くなり、かってたたら製鉄関係者が生活してい
た痕跡を見ながら進むと、樹齢400年とされる2本の先代スギが
聳え立っており、パワースポットとされている。

　先代スギより先も林道は続くが、先代スギでUターンし、やや高い
位置より渓谷美を楽しみながら赤西川の河口の駐車場に戻る。

343

散策道(約 13.5km、約 3.5 時間)

赤西川河口 — 3.7km 60分 — 森林広場 — 2.2km 40分 — 森林セラピー基地 — 0.8km 15分 — 先代スギ — 6.7km 100分 — 赤西川河口

赤西取水口

赤西取水口先の赤西渓谷

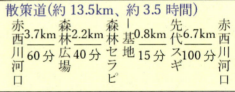

軍師官兵衛 タイトルバックのロケ地

森林広場

森林セラピー基地

森林セラピーロード

先代スギ

(6) 布引渓流

　新神戸駅をスタートし、布引ハーブ園を経て、生田川中流域の布引渓流を下り、新神戸駅に戻るコースを紹介する。

　布引ハーブ園は摩耶山山麓の標高410m－50mの斜面、16haに広がっており、1460mの距離を約10分で結ぶ数人乗りのロープウェイ、四季の庭、ラベンダー園等の趣の異なる12のテーマガーデン、森のホール、香りの資料館（グラスハウス）、展望レストラン等の施設等より構成されている。最高点にある展望レストハウスからは、神戸のまちをまじかに見ることができる。また、一服処として、展望レストハウス内にハーブガーデン、グラスハウス内にミントカフェ等がある。

　布引ハーブ園の山頂駅よりローウェイ中間駅・風の丘駅まで、徒歩でテーマガーデンや眺望を楽しみながらの風の丘駅の西にある広い道路に出て南下すると、分岐があり、北に進むと、日本で最も古いコンクリートダム・布引五本松ダムに至る。分岐まで戻り、布引の滝方面に進むと、布引遊園地があり、階段を下っていくと滝がまじかに見えるところに開設100年となるおんたき茶屋があり、休憩しながら、雄滝、夫婦滝を楽しむことができる。おんたき茶屋より階段を下っていくと、布引の滝の展望所がある。そこでは、滝の水しぶきの発するマイナスイオンを浴びながら、豪快な滝をじっくり見ることができる。

　布引の滝は、生田川中流にある滝で、神戸水の源泉のひとつであり、日本の滝百選にも選ばれている。布引の滝は雄滝・雌滝・夫婦滝・鼓ヶ滝の4つの滝の総称で、なかでも最上流にある雄滝は高さ43mの名瀑である。布引の滝は、平安時代の歌集「伊勢物語」や「栄花物語」をはじめ、古くから宮廷貴族たちが和歌に詠む等多くの紀行文や詩歌で紹介される文学作品の舞台となっており、布引の滝そばの山道には和歌を刻んだ多くの石碑がある。

　布引の滝のそばの生田川沿いの道を下って行き、レンガ造りの布引水路橋（砂子橋）を渡ると、JR新神戸駅に着く。

　一服処は、布引ハーブ園内、布引の滝そばのおんたき茶屋、地下鉄新神戸駅近くのオリエンタルアベニュー2Fの豆乃畑、杵屋等がある。

布引ハーブ園からの眺望

展望レストハウス

風の丘フラワー園

布引渓流・藤原行能の歌碑

布引渓流

布引雄滝・夫婦滝

（7）武庫川渓谷（廃線跡）

　阪鶴鉄道は 1899 年（明治 32 年）より、尼崎〜福知山を単線非電化のローカル線として営業していた。1907 年（明治 40 年）、鉄道国有法により、強制的に国有化され、1986 年までは単線非電化路線として運行されていた。

　その後、沿線の発展、旅客の増加による複線電化の要望から、武庫川渓谷沿いの路線を諦め、生瀬〜道場間に長大なトンネルを貫通させ、1986 年（昭和 61 年）8 月に複線電化路線となり、旧線は廃線となった。普通なら廃線跡のトンネルは閉鎖され鉄橋は撤去されるが、生瀬〜武田尾間はレールが外されただけとなった。

　生瀬〜武田尾間の廃線跡は風光明媚な武庫川渓谷沿いを歩くこともあり、自然発生的なハイキングコースとなり、休日ともなれば多くの人が懐中電灯で足元を照らしながら真っ暗なトンネルや廃鉄橋を行き来し、岩石にぶつかる水しぶきの豪快さや春は桜、秋は紅葉で艶やかな風景を目の当たりにすることができる。

　JR は長年廃線跡を通るのは黙認していたが、2016 年に自治体主体で整備され、自己責任の下で、ハイキングができるようになった。

　武庫川廃線跡のハイキングは、廃線跡への入口がわかりやすい武田尾駅を起点とするのがよいだろう。武田尾駅〜生瀬駅間は約 7km であり、途中、桜の園に立ち寄ると約 1.5km が加算される。

　武田尾駅より、東に約 300m 進むと温泉橋があり、さらに進んで、長尾第 3(91m)、第 2 トンネル (147m) を過ぎると桜の園の入口に着く。桜、紅葉の時期はぜひ立ち寄って美しい景観を楽しんではと思う。

　桜の園入口より枕木のある道を南下すると長い長尾第一トンネル (307m) があり、懐中電灯で足元を照らし、やや不気味さを感じながらトンネルを抜けると、視界が開ける。広葉樹林の山肌を背景として岩石にぶっかって水しぶきをあげながら豪快に流れている水のようすは渓流ゆえの景観である。長尾第一トンネルを過ぎると、やがて赤茶色の橋梁があり、眼下に渓谷を見ながら、橋梁横の保線用通路をゆっくり進み、しばらくすると横溝尾トンネル（149m）に着き、そこを抜

けると視界が開け、しばらく渓谷美を堪能することができる。さらに、進んで、長い北山第二（413m）、第一トンネル（318m）を抜けると、東に荒々しい高座岩を見ることができる。高座岩より約 700m 進むと国道 176 号と交差し、国道 176 号を約 1.3km 進むと生瀬駅に着く。

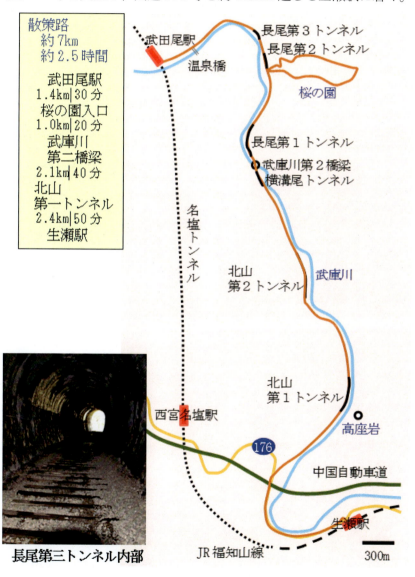

長尾第三トンネル内部

長尾第三トンネル付近

武庫川第二橋梁

高座岩付近

北山第一トンネル付近

(8) 犬鳴川渓谷

　犬鳴川は、大阪府泉佐野市の二級河川・樫井川の支流であり、661年に修験道の霊場として修験山伏道の開祖といわれる役小角（えんのおづぬ　飛鳥時代の呪術者　修験道の開祖）によって大和大峯山より6年早く開山され、現在でも行者の滝に打たれる修験者の姿を見ることができる。

　山麓の温泉街は、古来七宝瀧寺の門前町であったところから犬鳴温泉郷として今日に至っている。

　スギ、ヒノキの人工林にコナラ、リョウブ等の広葉樹が広く分布し、モミジ、カエデが彩りを添え、わが国古来の自然が残されている。

　犬鳴川沿いには、七飛瀑（両界の滝、塔の滝、弁天の滝、布引の滝、古津喜の滝、千手の滝、行者の滝）を代表とし、大小四十八滝がある。

　犬鳴山石碑より七宝龍寺の少し先の行者の滝までの犬鳴川沿いの約1.5kmは、四季折々の渓谷美を堪能できるとともに、修験道であり、いろんな不動明王等の仏像、朱塗りの橋、鳥居等と、いたるところに行場（修験場）があり、渓谷全体が神秘的な雰囲気に包まれている。

犬鳴川渓谷の遊歩道

散策路(約3km、約1.5時間)
犬鳴山バス停 —1.5km/40分— 行者の滝 —1.5km/40分— 犬鳴山バス停

犬鳴川渓谷の入口　　両界の滝付近

七宝龍寺

弘法大師空海を宗祖と仰ぐ真言宗犬鳴派の大本山、葛城二十八宿修験道の根本道場

護摩大霊場内の難切不動明王

清龍堂と行者の滝

(9) 箕面滝

　963haに及ぶ明治の森箕面国定公園は、明治百年記念事業の1つとして、1967年（昭和42年）12月11日に国定公園に指定された。

　国定公園の一角にある広さ83.8haで、森林浴の森百選に選定されている箕面公園には数多くの植物、昆虫、野鳥、哺乳動物、両生・爬虫類、魚類等が棲息する自然の宝庫であるとともに、散策道の終点には日本の滝百選に選定されている落差33mの直瀑・箕面滝、途中には、山岳信仰の根本道場であり、宝くじの発祥地とされる龍安寺、昆虫館、唐人戻岩、姫岩等の特徴ある岩があり、京阪神からの交通アクセスがよいことから、春は新緑、夏は納涼、秋は紅葉、冬は鍛錬の場として、年間を通じて多くの人々に親しまれ、年間200万人以上が訪れる北摂屈指の観光地となっている。

　特に、箕面駅から箕面滝までの一級河川・箕面川の上流に沿った約3kmの散策路は紅葉の時期は大混雑する。

　散策路には、名物の紅葉天ぷらの店が多く並び、紅葉天ぷらを味わいながら、一休みするのもよいだろう。

　散策は、箕面駅をスタートし、行きは箕面川の西側を通り、帰りは箕面川の東を通れば、異なる雰囲気を眺めながら、森林浴を楽しめる。

紅葉天ぷら

栽培・収穫
紅葉の葉は、箕面近郊の山林にて大切に栽培したものを使用。軸が柔らかい食用紅葉葉を使用。秋の紅葉の時期に黄色く色づいた葉を収穫。

塩漬け
きれいに水洗いして1年以上、樽で塩漬け。
湿度と温度を一定に保ち、一年以上寝かせる。

塩抜き
流水で丁寧に塩抜き。淡い透明感のあるきれいな葉を1枚ずつ形を整えて揃える。

揚げる
衣をつけて揚げる。
丁寧に油を切り、ぱりっとした食感に仕上げる。

唐人戻岩

箕面川の渓流

箕面川の渓流

357

箕面滝

（10）錦雲峡・金鈴峡

　一級河川淀川水系の支流・清滝川沿いの高雄から落合までの約4.5kmは、東海道自然歩道が整備され、渓流、岩、樹木が織りなす渓谷美を楽しむことができる。

　高雄から清滝までの約3kmは「錦雲峡」と言われ、高雄に紅葉が美しい神護寺があり、松尾芭蕉、与謝野昌子等の俳人の逗留地であり、かって愛宕山詣の宿場町として栄えた清滝があり、風光明媚な自然が残されたた地である。

　清滝から落合までの約1.5kmは「金鈴峡」と言われ、ゲンジボタルの生息地で、手つかずの自然が残る地である。

　落合から嵐山までの約3.5kmは「保津峡」と言われ、保津川にそって遊歩道が整備されているが、現在、土砂崩れで通行止めになっているので、トロッコ保津峡駅よりトロッコ嵐山駅までトロッコ列車に乗り、車窓から渓谷美を楽しむことができる。

　清滝川は、淀川水系桂川支流で、京都北山の桟敷ケ岳（標高895.7m）付近を源流とし、紅葉が美しい高尾を経て、落合で保津川と合流するまでの長さ約21kmの瀬や淵のある渓流である。

　保津川は、桂川の中流付近の名前で、JR亀岡駅近くの亀岡盆地より京都市嵐山で桂川と合流するまでの約16kmの激流や深淵のある渓流で、約2時間の舟下りを楽しむことができる。

　トロッコ嵐山駅より野宮神社まで続く約200mの散策道は、「竹林の道」と言われ、幻想的な雰囲気を味わうことができる。

　竹林の道を終えると、嵯峨野を代表する天龍寺があるとともに、土産店、飲食店が立ち並び、散策で疲れた体を休めながら、ショッピングを楽しんだり、湯葉料理を味わったりして、寛ぐことができる。

　錦雲峡・金鈴峡の散策は、高尾バス停よりスタートする。神護寺に立ち寄り、渓流の様相、紅葉を楽しみながらトロッコ保津駅まで遊歩道を進む。トロッコ列車に乗り、車窓から保津峡の渓谷美を楽しみながらトロッコ嵐山まで行く。竹林の道を幽玄な美しさを感じながら散策し、天龍寺に立ち寄り、JR嵯峨嵐山より帰路に就く。

神護寺の楼門

清滝橋

錦雲渓(右側は発電用導水路)

北山杉道

錦雲渓の景観

渡猿橋

金鈴峡の景観

保津川の舟下り

竹林の道

（11）赤目四十八滝

　赤目四十八滝は、太古の火山活動によって創り出された急峻な岩壁に挟まれた渓谷に広がる室生火山群にあり、古くは多くの修験者や伊賀流忍者が修行したと言われる地にある。

　三重県名張市の近鉄赤目口駅の南約4.5kmにある赤目四十八滝は、淀川水系の滝川の渓谷沿いに、大小の多くの滝が約4kmの遊歩道に点在し、日本の滝百選、森林浴の森百選、遊歩百選、平成の名水百選に選ばれ、すばらしい渓谷美で人々を魅了し、約15万人／年が訪れる人気スポットである。

　赤目四十八滝のある渓谷は、古来より山岳信仰の聖地とされ、役行者が修行中に赤い眼の牛に乗った不動明王と出会ったことから「赤目」の由来となったと伝えられている。

　赤目四十八滝の中で、滝の大きさ、形より、赤目五瀑と称される不動滝（落差15m）、千手滝（落差15m）、布曳滝（落差30m）、荷担滝（落差8m）、琵琶滝（落差15m）は見ごたえがある。赤目五瀑意外にも特徴ある名前が付けられた雨降滝、雛段滝、骸骨滝、霊蛇滝等、多彩な滝が点在している。

　柱状節理に挟まれた渓谷の織りなす樹林、渓流、滝、岩、苔等による神秘的な美しさは、人々にひと時の憩いの場を提供し、楽しみを与える。また、岩、樹木、苔等を背景とした個性的な滝、渓流は、すばらしい色彩豊かな造形美をもたらし、多くの人々を魅了する。

　渓谷周辺は、野生動物、植物の宝庫であり、特にオオサンショウウオの生息地であることから、渓谷入口にサンショウウオの飼育・展示施設である日本サンショウウオセンターがある。

　赤目滝入口から岩窟滝までの約3.5kmの往復は3時間を要するので、散策を気軽に楽しむのであれば、布曳滝で戻るコース（往復約1時間）がよいと考える。

　公共交通機関によるアクセスは、近鉄赤目口駅より三重交通のバスに10分程度乗り、赤目滝で降りる。便数が少ないので、発着時間は留意しておく必要がある。

不動滝

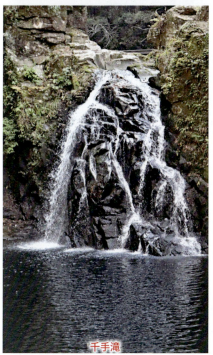
千手滝

布曳滝

姉妹滝

荷担滝

雛壇滝

琵琶滝

7.8 せせらぎ水路

　江戸時代、水路は、稲作や物流の輸送、生活用水等として街に張り巡らされ、共有の財産として大切にされてきた。しかしながら、街の人口増等によるインフラ整備、住宅・ビル・商業施設の増築等により、用地買収を要しない水路を暗渠化、埋め立てすることにより高度な土地利用を可能とし、機能的な地域空間を生み出してきた。その結果、街の人々の憩いやコミュティの場等が失われていった。

　街のオープンな水路は、うるおい・安らぎをもたらす機能、ヒートアイランド現象緩和機能、災害時のライフラインとしての防災機能、地域コミュニティの再生への寄与、ほたる等の生物生息場所の形成等を有し、それらの多目的な機能が近年見直されてきた。その水源として、高度処理された下水、雨水貯留水、疏水から分流した水等の有効活用が着目され、せせらぎ水路としての整備が進んでいる。

　せせらぎ水路は、国土交通省等が補助金を出し、水源管理者、水路管理者、住民、地方公共団体が連携・協力し、整備・維持管理が行われている。

　高度処理した下水を用いたせせらぎ水路は、各地の下水処理場周辺で展開されている。関西では、神戸市兵庫区・松本地区の総延長510mのせせらぎ水路、大阪府摂津市香露園地区の総延長約800mのガランド水路、東大阪市鴻池地区の総延長3kmのせせらぎ水路、南海電鉄・七道駅南の内川緑地の総延長約400mのせせらぎ水路等がある。

　一方、京都市の堀川は、鴨川より取水していたが、昭和に入って度重なる浸水被害により、閉鎖され、水の流れない水路となった。安らぎのある水辺環境を復活させるために、琵琶湖疏水第二疏水分線より水を引き込み、総延長4.4kmのせせらぎ水路が2009.3月に完成した。

　さらに、大阪府高槻市塚原地区や摂津市香露園地区では、地下に雨水貯留施設を設置し、そこから送水するせせらぎ水路を設けている。

　ここでは、距離が比較的長い神戸市のせせらぎ水路、東大阪市の鴻池せせらぎ水路、京都市の堀川を取り上げる。

（1）神戸市・松本せせらぎ水路

　1995.1月に発生した阪神淡路大震災は、神戸市に甚大な被害を及ぼした。なかでも兵庫区松本地区は、地震による直接な被害より、その後に発生した火災にて壊滅的な被害を受けた。

　近くに水場があれば被害が小さくできたのではないかとの思いで、消火水の確保に主眼をおいたまちづくり協議会が結成され、自治体等との協議を進められた。

　一方、下水処理場からの通常の処理水は、BODが高い等で放流先の河川の水質を悪化させ、高度処理が望まれた。

　そこで、松本地区の北約3kmにある鈴蘭台下水処理場では、集めた約48,000m³/日のうち32,000m³/日を下流の下水処理場に送り、残りの16,000m³/日を高度処理して修景用水としての活用を図ることにした。その一部の5,000m³/日を松本地区に送水し、新湊川に放流する途中までを開渠構造で、部分的に深みを設けて消化用水に使えるようにしたり、花菖蒲等の水生植物を植栽したり、鯉、メダカ等を放流したり、自然石を配置したり等で憩いと安らぎの場となる幅約1.5m、長さ約510mのせせらぎ水路を歩道に沿って2003年に完成させた。

　せせらぎ水路は、現在、地元の人々が定期的に美化活動を行うとともに、水生植物や魚を育てたりして美観維持に努められ、地域コミュニティの再生にも役立っている。

　神戸電鉄・湊川駅を起点とし、せせらぎ水路を散策後、地下鉄・上沢駅付近で北上して新湊川の河床道を歩き、新長田駅を終点とするコースを散策した。湊川駅より松本通りに入る。松本通りの両側は、火災に強い鉄筋コンクリート造りのビル、住宅等が隙間なく立ち並び、歩道に設けられたせせらぎ水路の水の流れや川をきれいにするために放たれたコイが泳ぐエリア、植栽されたケヤキや花菖蒲等が落ち着いた彩りを添え、震災後に見事に復興していることがうかがい知れる。

　せせらぎ水路を散策後、上沢駅付近で北上すると新湊川に至り、河床道を流れる清らかな水や飛び交うセキレイで寛ぎながら南下した。長田駅付近で河床道より上がり、新湊川公園を歩きながら川辺の雰囲

気を楽しみ、若松公園に震災復興と地域活性化のシンボルとして制作された新長田にゆかりの深い漫画家・横山光輝氏の作品である鉄人28号のモニュメント（高さ約15m）をじっくり観察し、新長田駅に着いた。

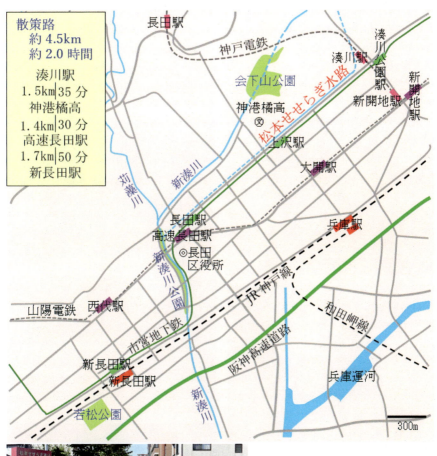

散策路
約4.5km
約2.0時間
湊川駅
1.5km|35分
神港橘高
1.4km|30分
高速長田駅
1.7km|50分
新長田駅

松本せせらぎ通りの出口付近

震災前は幅7mの道路であったのを、南側に幅3.5m、北側に幅1.5mのせせらぎ水路を有した幅6.5mの歩道を設けて17mとし、震災復興のシンボル通りとした。

松本せせらぎ水路

松本せせらぎ通りの街並み

松本せせらぎ水路の鯉

新湊川公園付近の新湊川

河床道のある新湊川

鉄人28号モニュメント

（2）東大阪市・鴻池せせらぎ水路

　水害被害がたびたびあった大和川の付け替え工事が1704年に終わり、低湿地地帯となった河内平野は、鴻池家らによって新田開発が行われた。鴻池新田では湧水を利用した灌漑用の鴻池水路が築かれ、木綿、米等の舟輸送に使用された。

　昭和になって、都市化が進み、農業が衰退していき、鴻池水路に生活排水や工場廃水が流れ込み、水の流れが滞り、悪臭や害虫の発生箇所となり、住民からの苦情が絶えなくなった。

　そこで、鴻池新田駅の北西約700mの寝屋川のすぐ北にある鴻池水みらいセンターで高度処理した下水を活用することを考え、花木や草花を植栽し、自然石を配置し、総延長3kmのオープンな水路とする事業が1996年開始され、2003年に完成し、水路周辺は四季彩々とおりと名付けられ、人々が憩い安らげる空間を提供している。

　鴻池水みらいセンターに集められた約18.6万m^3/日は高度処理され、大部分が寝屋川に放流されているが、一部の0.3万m^3/日が直径0.25-0.3mの地中の圧送管で約3kmの東に送水され、東エントランスゾーンの地下に設けられた浄化施設、地上に設けられた滅菌処理施設でよりきれいに浄化され、幅1-3mの開水路で趣の異なる自然とふれあうゾーン、歴史を知るゾーン、西エントランスゾーンを流れ、五箇井路を経て寝屋川に放流されている。水路は、総延長が約3kmあり、高度処理した下水を利用した水路としては、国内最大級である。

　鴻池水路の散策は、JR片町線・鴻池新田駅を拠点とし、鴻池水みらいセンター、鴻池新田会所を見学後、府道21号線近くの東エントランスゾーンより約3kmを西進し、鴻池新田駅に戻るコースとした。

　鴻池水みらいセンターでは流入した下水を処理する活性汚泥処理槽等の見学、鴻池水路に送水している水の浄化処理内容等の説明を受けた後、鴻池新田会所に移動し、鴻池家が開拓した鴻池新田の管理業務内容、遺物等の説明を受け、鴻池水路の東端に向かった。

　地下に浄化設備のある東エントランスゾーンでは、浄化された水が勢いよく吹き上げられ、水のパワーを感じることができる。かっての

もじり桶（下部を鴻池水路の水、上部を加納水路の水がクロスして流れる桶）の上を渡って自然とふれあうゾーンに入ると、花木、草花が植栽され、自然石が配置され、ベンチが設けられて憩い安らぐことができる。歴史を知るゾーンでは、長屋門、木橋等が設けられ、鴻池の歴史を感じることができる。西エントランスゾーンは、当初、高所から目立つようにカラフルなモザイクタイルを使い、ハイカラな雰囲気を醸し出していたが、現在は色あせて目立たない状態となっている。
　なお、鴻池水路の下部には、下水処理水の地下貯水槽が設置されており、大雨時の雨水の一時貯留を主とし、渇水時の雑用用水や防火用水としての展開も想定されている。

鴻池新田会所の外観　　　本屋土間

東エントランスゾーン

東エントランスゾーン
の少し西の噴水

歴史を知るゾーン

（3）京都市・堀川

　堀川は、平安京造営時に北大治橋付近の鴨川より水を引き込み、南区鳥羽付近で鴨川と合流するまでの約8.2kmが運河として開削された。

　平安時代は、木材等の輸送、貴族の庭園への送水等に用いられ、近世は、農業用水、友禅染等に用いられた。

　昭和に入って、堀川流域ではたびたび水害が発生したので、鴨川からの取水を取りやめ、普段は水が流れない開渠となった。その後、雨天時に下水道を放流するコンクリート張りの水路となったが、河床に雑草が繁茂し、見苦しい景観となった。

　1998年に京の川再生検討委員会が立ち上がり、清らかな水が流れて憩える堀川として再生させるための検討が行われ、北大治橋付近の琵琶湖第二疏水の水を鴨川の川底を下越しさせ、二条城近くまでの約4.2kmを整備することが決まった。

　整備は、2002年にスタートし、樹木の植栽、階段状のスロープ、階段状の落差工による変化のある水の流れ等により趣の異なるAゾーン（紫明通）〜Dゾーン（二条城付近）の5つのゾーンで構成された幅1.5mに8,600m³/日の水が流れる開渠が2009年に完成した。また、所々にピットが設けられ、災害時に消火用水や生活用水としても活用できるようになっている。

　堀川散策は、地下鉄・北大路駅を起点とし、北大路橋の手前を鴨川沿いに南下し、紫明通に入いると落差約1.5mより水が勢いよく流れている台座があり、ここが堀川の始点となる。

　今出川通に交わるまでの約2kmの堀川は、イチョウが主として植栽され、子供が遊べる池や東屋が設置してあるが、中央分離帯としての機能を有し、道路と同じ高さで、横切る道路で小刻みに分断され、憩い・安らぎ・楽しむことを妨げられ、安全な散策には不向きである。

　今出川通と交わった後の堀川は、二条城近くまでの約2kmが道路より低くなり、道路と分離され、連続した開渠で、川沿いの風景をゆっくりと楽しむことができる。中立売通手前には、広いスペースに階段があり、階段をベンチとして寛ぐことができる。丸太町通を少し過ぎ

た所には二条城築城に伴って築かれた石垣をバックに変化する水の流れを楽しむことができる。二条城近くでは、多くの桜やクスノキ等の樹木を活かした親水空間を演出した広場がある。

　堀川沿いに何か所か自然石、噴水、木製橋等で和風庭園風のセクションがあれば、より憩い・安らげ・楽しめるのではないかと感じた。

　二条城傍で開渠より上がり、徳川家の栄枯衰退を見つめてきたユネスコ世界遺産・二条城を見学後、山陰本線・二条駅より帰路に就いた。

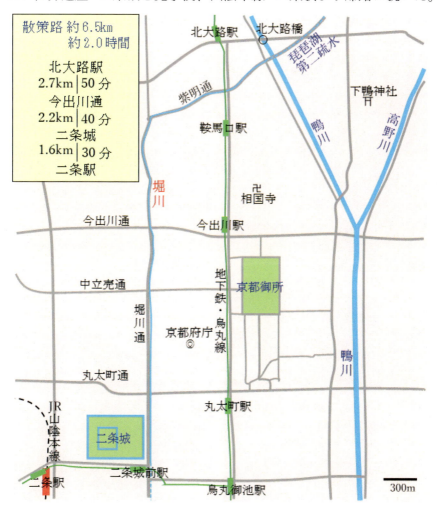

375

堀川起点

紫明通の堀川

中立売通付近の堀川

丸太通付近の堀川

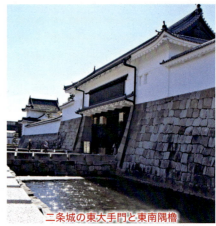
二条城の東大手門と東南隅櫓

7.9 水の都・水の郷

　水の都・水の郷は、河川、運河、水路による美しい景色、水運、営みが地域の景観形成や機能に大きな役割を果たしている地域をいう。

　日本の水の都は、飛鳥時代に交易港として開かれた難波津（現在の大阪市）が、豊臣秀吉によって整備が進められ、現在の姿の基盤が築かれた堂島川、土佐堀川、木津川、道頓堀川、東横堀川に囲まれたエリアが最も歴史があり、他に小樽市、京都市、柳川市、近江八幡市、郡上八幡市等が知られている。

　世界の水の都は、5世紀頃より発展してきたイタリアのヴェネツィア（英語名ヴェニス）が最も歴史があり、他にスウェーデンのストックホルム、オランダのホートホルン、アムステルダム、ベルギーのブルージョ、ロシアのサンクトペテルブック等が知られている。

(出典：大阪グランド資源報告書、2006)

5世紀頃の大阪湾エリア

　太古、現在の大阪市の大部分は大阪湾の底にあったが、淀川が運ぶ土砂が河口に堆積していき、現在の大阪市の元となる難波津が645年に開かれた。難波津は、遣唐使使節や防人の出帆港、外国からの使節の受け入れ港等として進展していった。しかしながら、淀川が運ぶ土砂によって海浜が浅くなっていき、交易港としての機能はしばらく堺に移ったが、要害の地として大阪を選んだ豊臣秀吉が大阪城の守りの強化と城下の拡大とともに治水対策を強化し、多くの堀川（運河）を開墾し、交易港とともに経済、文化が発展していった。

　現在の大阪市は大川〜土佐堀川・堂島川〜木津川〜道頓堀川〜東横堀川に囲まれたエリアを「水の回廊」と称し、水上交通、水辺の環境、

377

治水機能の整備が進み、経済、文化の中心地として発展していった。

イタリアのヴェネツィアは、5-6世紀に蛮族の侵入により陸地を追われた人々が葦の茂るラグーン（潟）に逃げ込み、泥と砂の地盤に木の杭を打ち込み、その上に石を敷いて土台をつくり、建物を建て、水路を掘って運河として築いた街である。

現在のヴェネツィアは、イタリア北東部のヴェネツィア湾に臨む人口約27万人の港湾都市である。都市は、約120近くの島が170余りの運河、400超える橋で結ばれている。

（出典：Wikipedia 水の都）

大阪市の中之島エリア

（出典：Wikipedia ヴェネツィア）

ヴェネツィアのサンタ・マリア・デッラ・サルーテ聖堂付近

主な移動手段は、水上タクシー、水上バス、徒歩である。ヴェネツィアは、1987年に世界遺産となり、多くの観光客（約2,500万人/年）が訪れているが、住民は史跡の破壊や犯罪の増加、不動産価格の暴騰等により住みにくくなり、多くの人が島を離れている。

一方、水の郷は、水を守り、水を活かした生活・文化が根付き、水を活かしたまちづくりを行っている地域であり、国土交通省では1995-1996年に水の郷百選の選定を行った。

ここでは関西の水の都・郷として知られ、趣が異なる京都市、大阪市、近江八幡市、郡上八幡市を取り上げる。

（1）京都市（鴨川）

　京都の鴨川エリアの経済・文化の発展には、治水機能の充実がまず大切である。

　現在の一級河川淀川水系の鴨川は、京都市北区雲ケ畑の桟敷ケ岳を源流とし、高野川と出町橋で合流するところを起点とし、高野川、白川等の支川と合流しながら伏見区下鳥羽で桂川に注ぐ、長さ23km、流域面積210km²、流域人口70万人弱の河川である。

　現在の姿となるまでは、治水対策との格闘が続いた。1100年頃、白河法皇は、天下三不如意（かなわぬものが３つある）として、加茂の水、双六の賽、山法師を嘆いていた。その後、豊臣秀吉、角倉了以等によって改修がなされたが、水害は続いた。

　近年、1935.6月の大雨（9時間に235mm）で、鴨川が氾濫し、鴨川流域は未曽有の大被害を受け、河道の掘削、拡幅、流路の付け替え、護岸、橋梁補強等の整備がされ、水害はひとまずなくなったが、さらなる大雨に備えた整備が続いている。

　一方、治水対策の整備で、水害がひとまず治まったので、河川流域を憩いの場として整備が進められ、遊歩道の整備、芝生、桜等の樹木の植栽等が行われ、アメニティー機能を有した「花の回廊」、「緑の回廊」として、地域の人々等に楽しまれている。

　水の都京都の鴨川流域の「花の回廊」の散策として、地下鉄・北山駅をスタートし、府立植物園を経て、賀茂川（鴨川）の遊歩道を南下し、下鴨神社、糺（ただす）の森を経由し、出町橋より鴨川の遊歩道を南下し、京都駅に至る約11kmのコースを紹介する。

　地下鉄・北山駅のすぐ傍にある京都府立陶板名画の庭を経て、面積24haに約12,000種類の花木が植栽された京都府立植物園の北山門より入り、園内を散策後、正門より出て、賀茂川（鴨川）の東側の桜並木が続く半木の道（なからぎのみち）を南に下る。

　出雲路橋で東方向に進み古都京都の世界遺産の１つで、1000年以上の歴史がある下鴨神社を散策後、広葉樹林に囲まれた糺の森（ただすのもり）の参道を南に下り、出町橋を渡り、鴨川の西側を南に下る。

時折ある飛び石渡りを楽しみながら南下すると二条大橋付近より、5月より見られる納涼床の店が四条大橋付近まで約1km続いており、川の流れと相まって独特の雰囲気を楽しめる。
　二条大橋で西に進み、角倉了以が1611年に開削した京都市役所近くにある運河・高瀬川の起点である「一之舟入」に立ち寄った後、鴨川の西岸を南下する。四条大橋より西に進み、京の台所とされる「錦市場」に立ち寄った後、鴨川河川敷を南下し、五条大橋より鴨川を離れ、高瀬川に沿った街並みを見ながら京都駅に向かう。
　鴨川流域には、京料理（野菜、乾物、大豆加工品を中心とした薄味料理）として、川魚料理、湯豆腐料理、茶懐石等の店が多くあり、自分好みの料理でゆっくりと寛ぎながら味わうのもよいだろう。

散策路
11km、4時間
北山駅
3.5km｜80分
下鴨神社
3.4km｜70分
二条大橋
2.4km｜50分
五条大橋
1.8km｜35分
京都駅

最後の審判(ミケランジェロ)
大きさ:13.7m×12.2m(ほぼ原寸大)

府立植物園のくすのき並木

出雲路橋付近より北側の賀茂川

下鴨神社の楼門

糺すの森
(ニレ科の樹木(ケヤキ、クスノキ、ムクノキ等)を中心とした森)

賀茂川と高野川の合流部

四条大橋付近の鴨川の納涼床

一之舟入

錦市場

（2）大阪市（堂島川等）

　大阪は、飛鳥時代に難波津が交易港として栄え、近世に豊臣秀吉が大阪城の外堀として東横堀川を開削し、水の都として発展してきた。

　しかしながら、淀川水系は度々洪水被害があり、17世紀後半に豪商・河村瑞賢は河川の掘削・拡幅等の治水対策を進めたが、十分でなかった。その後、水の都大阪の「水の回廊」エリアの経済、文化等の発展には、治水機能の整備がまず大切であるとの機運が高まった。

　治水対策で最も重要な高潮・津波対策は、1934年の室戸台風、1950年のジェーン台風、想定されている南海トラフ地震等を踏まえ、各河川の下流に防潮水門、高さ5m程度（上流ほどいくぶん低くなる）の防潮堤、河川の合流付近には耐震補強した防潮堤の整備が実施された。

　洪水対策は、100年に1回程度の雨量である時間80mmに耐えるように、各河川の下流部の河幅を広げる等で、大阪湾にスムーズに水が流れるようにするとともに、大川が淀川と合流する地点に排水機場を設け、淀川にポンプアップする整備が実施された。

「水の回廊」の経済、文化等の発展のために、堂島川・土佐堀川に囲まれたエリアには、大阪市役所、中央公民館、中之島図書館、日本銀行等が設置された。また、地域の人々等が憩い・寛げる空間づくりとして、花壇、広場、ケヤキ、ツツジ等の樹木、彫像等を設けた中之島公園、中之島緑道を巡る一周5kmの遊歩道等が整備された。

　また、飲食店等が立ち並ぶ道頓堀川の日本橋〜浮庭橋間の約2kmに「とんぼりリバーウォーク」と称する遊歩道が整備されるとともに、遊覧船の発着所が設けられ、地域の人々等が楽しめる場所として人気が高まっている。木津川、東横堀川沿いも遊歩道が整備されているので、約13kmの「水の回廊」を周回して楽しむこともできる。

　水の回廊巡りは、JR桜ノ宮駅をスタートし、大川の西側を進み、造幣博物館に立ち寄り、堂島川と土佐堀川に囲まれ、パリのシティ島をイメージして計画された中之島エリアを散策、水辺の景観と高層ビルが林立する街並みを楽しんだ。

　その後、木津川沿いの景観を楽しみ、道頓堀川との合流付近に設け

られた水門を観察後、道頓堀川を東に進み、「とんぼりリバーウォーク」で賑わいのある街並みから華やかさを感じながら水辺の景観を楽しんだ後、高架下の豊臣秀吉が開削したとされる東横堀川の沿道を歩き、大阪市最古の橋とされる本町橋を経て、天満橋駅より帰路に就いた。

　水の都大阪の水辺は、商店、飲食店、ビル等が立ち並び、自然環境はよくなく、安らぎ・癒し効果は不十分であるが、いろんな店等から受ける華やかさ、賑わい等より活気を感じることができる。

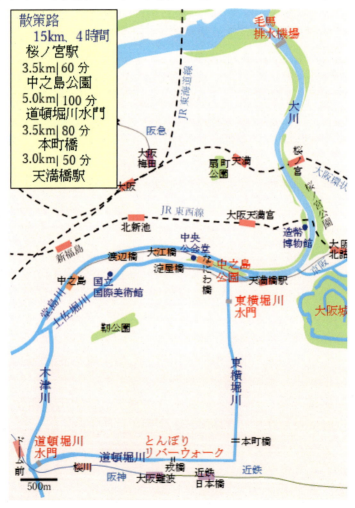

造幣博物館付近の大川

中之島公園のばら園

国立国際美術館付近からの土佐堀川景観

大阪ドーム付近の木津川

道頓堀川の水門

えびす橋付近のとんぼりリバーウォーク

大阪市最古の橋・本町橋(1913年架設)

高架下の東横堀川景観

東横堀川の水門(手前と奥に2門ある)
観光船が通るたびに、水位を調整後、観音開きする

(3) 近江八幡市（八幡堀川）

　近江八幡市は、八幡山（標高271.8m）山麓に広がり、最低海抜が85m程度で、過去に大きな水害に見舞われていないので、治水対策よりも利水対策に力が注がれた。

　しかしながら、大雨に備え、より強固な治水対策を行うため、市内を流れる日野川、白鳥川、長命寺川等では河川改修が1996年頃まで行われた。特に、日野川流域ではかって水害が起こったので、洪水予報を行う河川に指定され、監視が強化されている。

　近江八幡市は、織田信長が1579年に築いた安土城を中心とし、城下町としての基礎が築かれた。その後、豊臣秀次が1585年に八幡山城を築くとともに、琵琶湖と市街地を連結する八幡堀（幅15m、全長4.75km）を築くことで、舟や人の往来が増えるとともに、近江商人による大阪や江戸を結ぶ交易地となる等で城下町として発展し、現在の商業都市としての基礎が築かれた。

　近江八幡市は、1991年に「近江八幡市八幡伝統的建造物群保存地区」の名称で、八幡堀、日牟禮（ひむれ）八幡宮境内地、新町通り、永原町通りを中心とする広さ13.1haが国の重要伝統的建造物群保存地区に選定されるとともに、2006年に西の湖、長命寺川、八幡堀周辺の葦地等の約354haが「近江八幡の水郷」の名称で、重要文化的景観に選定され、歴史的建造物、風情ある街並み、特徴ある水景等で、約300万人/年の観光客が訪れている。

　近江八幡市の散策は、JR近江八幡駅よりバスに乗車し、ヴォーリズ記念病院前駅で下車し、スタートする。

　西の湖園地に向かい、西の湖園地から水路に沿って運行する屋形船や田園風景を楽しみながら南下し、JAグリーン近江西部育苗センターで西に進路を変え、葦が茂る水路を進むと水郷めぐり発着所に至る。

　八幡堀川沿いの散策道を南に進み、八幡山ロープウェイで、八幡山城跡に行き、山城跡を散策しながら眼下に街並み、琵琶湖等の眺望を楽しみ、八幡山ロープウェイで下山する。

　日牟禮八幡宮に参拝後、八幡堀川沿いのドラマのロケでよく使用さ

れる石畳の小径を進んだ後、かっての八幡東学校で、現在、一階が観光案内所となっている白雲館、八幡堀川の少し南側の新町通りの近江商人の旧家、歴史民俗資料館等を見学し、近江商人の往時を偲ぶ。
　八幡堀川に沿った遊歩道を進み、遊歩道終点の幸円橋の少し先の中川橋まで進み、新町バス停まで戻り、バスに乗り、近江八幡駅に向かった。

葦が茂る西の湖

新町傍からの八幡堀川と八幡山

八幡堀川の遊覧船観光

重要伝統的建造物群保存地区の新町通り

かわらミュージアム傍の八幡堀川

8. 水に関する寓話

(出典：Wikipedia カラスと水差し)

地球温暖化による気候変動、人の生命・生活を守るための治水・利水、バーチャル水（食料等の輸入国において、その輸入食料等を自国で生産した際の推定水量）、水等からエネルギー源とする水素の製造等の水を起因とする課題は、世界の各地域と繋がりがあるため、国際社会が共同で取り組みが行われている。

　取り組みを具現化するには、水に関する情報を集め、知識・技術を高め、理解を深め、協調して展開することが大切である。

　さらに、課題に対して、常識にとらわれず、探究力を高めて深掘りし、実践していることが望まれる。

　その際、イソップ、クルイロフ等の寓話（動物等を擬人化し、人になんらかの教訓を与えることを意図した物語）、ユダヤの民話等による教訓も役立つと考え、それらに取り扱われた水に関する話を簡素化して示した内容より、水に対する課題の具現化に役立てていただければと考える。

（1）カラスと水差し

「長い旅をしていたカラスは喉が渇いていた。水差しを見つけた。その水差しには、少ししか水が残っておらず、くちばしが水に届かなかった。よい考えを思いつき、水差しの中に小石を落としていくと、水かさが増していき、くちばしのところまで届き、カラスは喉をうるおした。」（イソップ寓話）

　この寓話は、困り果てた結果、創意工夫することができ、目的を達することができたことを示している。

　水差しを河川・ダム、小石を降雨と置き換えれば、降雨による河川氾濫抑制策のヒントを得ることができ、対策につなげることができる。すなわち、水差しを大きくすれば（ダムの貯水量拡大、河川の河道拡幅、河床掘削）、水差しの形状を変えれば（直線にする（捷水路）、水路の付け替えをする）、氾濫を抑制できる。また、小石が大きくなる（降雨量の拡大）、数が増える（降雨回数の増加）、落す間隔が短くなる（降雨間隔の短縮）と、氾濫が拡大するので、どのような対策（ダムの事前放流、雨水調整池、遊水地の設置、放水路の設置等）を、どのような規模で、どこに、いつ講ずれば氾濫抑制に有効かを見極めることができる。

(2) 井戸の中のうさぎときつね

「うさぎは喉が渇いていたので、水を飲みに井戸に降りていき、心ゆくまで飲んだ。飲み終えて、井戸から上がろうとしたが、上ることができず、しょげていた。きつねがやってきて、大失敗だどうしたら井戸から上がれるかをまず考えて、降りていくべきだったのだと言った。」（イソップ寓話）

　この寓話は、その場限りで行動を起こすと、思わぬ事態となることもあるので、事前によく考え、現場状況を把握して行動することが大切であること示している。

　災害が起こる前、災害時の不適切な行動、渇水・豪雨に対する予知不足等は、過去にたびたび人的被害、家屋・インフラ被害をもたらしてきた。

　事前に知識を高め、迅速に情報を取得し、よく考えて適切な行動、対策ををとることで防げた多くの災害があることを肝に銘じておく必要がある。

(3) 塩を運ぶロバ

「ロバが背中に塩の入った荷物をいっぱい乗せて、川を渡っていた。足を滑らせ、水にはまったところ、背中の荷物が軽くなった。荷物の塩が水に溶けて流れてしまったためである。次の日、ロバの飼い主はうんと軽い海綿の荷物をロバの背に積んだ。ロバは、川で足を滑らせば、荷物が軽くなるに違いないと思い、わざと足を滑らせた。ところが荷物は川の水を吸って、石の様に重くなり、ロバの体にのしかかり、溺れてしまった。」（イソップ寓話）

　この寓話は、水は変幻自在の機能を有し、過去のことを教訓として同じように実施したが、同じ結果とならず、思いがけない災難に陥ることを示している。

　過去に300mm/日の降雨で河川氾濫は起こらなく、天気予報で40mm/h降雨が3時間程度で治まるとの事であったので、自治体は特別な避難対策をとらなかったため、流域住民が避難準備を行わず、河川氾濫が起こり、多大なインフラ、人的被害等が起こったことがよくある。これは、大雨前の河川、水路の水位、森林、農耕地等の含水状態等を踏まえ、大雨時の河川等の流水能力をどの場所の分・時間・日単位で見るか等の判断基

準をどうするかを明確にしておくことが重要であることを物語っている。

（4）水遊びをする子供

「川で水遊びをしていた子供が、深い所にはまって、おぼれそうになった。たまたま旅人の姿が見えたので、子供は助けてえ、と叫んだ。ところが旅人は、深い川に入るとは軽はずみなことをしたもんだな、と叱りはじめ、子供を助けようとしなかった。子供は、必死に早く助けて、お説教は後にしてと言った。」（イソップ寓話）

　この寓話は、非常時で困っていても、口で意見を言うのみで、行動を起こさなければ、危害を防ぐことができないことを示している。渇水時の河川等からの取水、豪雨時のダム放流、災害の危険性が高い場合の避難誘導等で、関係者の間で意見が分かれ、行動するまでに時間を要し、問題が拡大することが多々あり、事前調整でどう行動するかを決めておけば、すぐに行動を移すことができる。

（5）酒の樽

「新しいラビ（ユダヤ教の指導者）に、村人達は、何か贈り物をしようと相談した。そして、みんなが少しずつ家にあるワインを持ちよって、大きな樽に入れ、それを贈ることにした。樽はワインで一杯になり、祝宴の場で、ラビはたいそう喜び、樽からワインを出し、飲もうとした。しかしながら、樽の栓をひねって出てきたのは、ワインではなく、ただの水だった。しばらくして隅にいた貧しい村人が立ち上がって、皆さんに告白します。実は、皆が酒を注ぎ入れるだろうから、一瓶くらい水を入れたって、誰にも分らないだろうと思った。他の者も同じことを言った。」（ユダヤの民話）

　この寓話は、自分一人だけであれば問題が起こらないだろうと考えたことが、他の者も同じことを考え、目的が達成できなかったことを示している。

　各家庭、各工場からの排水は、下水道に流れ、下水道処理場で一括して処理され、河川に放流される。しかしながら、家庭、工場の一部

から、基準を満たさない排水が流されると、下水処理場での負荷が増大するばかりか、基準を満たす水を得るのが難しくなる。各家庭、各工場が節水に努める一方、より清浄な水を流すことで、下水処理場の負荷が軽減され、ひいては薬剤費等の削減、廃棄物（汚泥）の削減につながり、安全な水とすることができると考える。また、都市化により雨水が下水処理管、河川に流れ、河川氾濫を誘引しているとし、各家庭に雨水貯留を進める流域治水が考えられているが、各家庭における必要性の認識が低く、思うように進んでいない。自治体は地質調査を踏まえ、隣保単位で協議を行い、まず隣保に広めていき、次に村に、その次に町、市に広げていく地道な展開が必要と考える。

(6) 小川

「羊飼いがかわいがっていた子羊が、大川でおぼれて死んだ。羊飼いは、ふさぎ込んでわが身の不幸と取り返しのつかない損害を悲しんだ。羊飼いの嘆きを聞いた小川は言う。私の水はどこにも災難や悲しみを引き起こすことなく、まさしく海にたどり着くまで銀のように清らかに流れていくだろう。それを聞いた羊飼いは、小川のほとりに移った。ところが一週間もたたないうちに、大雨で小川の水嵩は増して、たちまち大川と肩を並べるほどになった。小川は満水となって岸から溢れ出し、小川のほとりの羊飼いと羊の群れともに溺れ死に、羊飼いの小屋は跡形もなく消え失せた。」（クルイロフ寓話）

　この寓話は、人の話を鵜呑みにしないこと、さらに、安全安心がいつまでも続かず、万一のことに備えた事前準備・対策をしておくことの大切さを示している。

　災害が起こる前に、十分な予知・対策をしないことで、災害が起こった事例が非常に多い。2008.7.28 の神戸市の集中豪雨で、都賀川で水遊びをしていた 5 人が死亡した災害、2011.3.11 の地震による津波で福島原子力発電所の非常用発電機が水没し、炉心溶融後、水素爆発が起こり、地域が放射性物質で汚染された災害、2018.7 月の倉敷市真備町の小田川流域の氾濫で 51 名が死亡し、557 棟が全壊、5895 棟

が床上浸水した災害、2020.7.3-7.4 の熊本県の球磨川が氾濫し、65名が死亡し、557 棟が全壊、5895 棟が床上浸水した災害、2021.7.3の熱海市の盛り土崩壊で 27 名が死亡した災害等。

　天災は忘れた頃にやってくる、備えあれば憂いなしとの教訓は、語り継がれているが、治水事業が先送りされる一方、世代が変わる、平穏な時が過ぎる、災害を他人事とする等で安心してしまい、たびたび災害が繰り返されている。

(7) 水汲み

「村に井戸がなく、各家の子供達は水がめをいっぱいにするために遠くの川まで毎日水を汲みに行っていた。ある家に 3 人の子供がいた。子供達は日帰りで水汲みを担当していた。三男は小さなポリタンク 1 個を頭にのせて、次男は大きなポリタンク 1 個を背負って、長男は大きなポリタンク 2 個を手押し車に乗せて、水汲みを行っていた。あるとき、その家の家長が子供達に尋ねた。それぞれ一日何回水を運んでいるのかね。長男は 5 回、次男は 10 回、三男は 20 回ですと答えた。すると、家長は長男に言った。今日から水を運び終わったら、手押し車を次男、三男に貸してやり、他の家にも便利さを伝えなさい。」(著者自作)

　この寓話は、創意工夫することで、労働が軽減され、目的達成が早まることを示している。また、創意工夫によって得られたことを、他に広めることで、地域が発展することを示している。

　アフリカ等では水汲みは子供達の重労働となっている。1991 年に南アフリカのエンジニアが水の運搬方法を創意工夫し、ヒップウォーターローラー (90L の水をプラスチック製タンクに入れ、手で押して運ぶ) を開発し、子供たちの水汲み労働は大幅に軽減されたとともに、製品の普及により、生活にゆとりが生まれ、教育レベルが向上する相乗効果を得ている。医師・中村哲氏は、アフガニスタンで用水路をつくり、65 万人を干ばつ被害より救った。JICA (Japan International Cooperation Agency) では、ソーラーポンプで地下水をくみ上げてタンクにためるシステムを開発し、普及させている。

あとがき

　地球は、水、酸素、陸地が存在することで、生存・生活できる環境となり、生物が育まれ、進化していった。進化によって、約700万年前に猿人が、約20万年前に現生人類（ホモ・サピエンス）が誕生した。

　現生人類は、高い知的能力を有し、言語、文字を使い、集団生活を送りながら、絵画を描き、音楽を奏でる等の芸術的表象文化を発展させる一方、水と火で食材を調理し、新しい道具、生活様式を生み出した。

　しかしながら、農耕が進展し、集団生活を送ることで、利害関係、貧富差が拡大し、水利権等を巡って争いが起こるようになっていった。

　また、便利さ、快適さ、生産性等の向上を目指した結果、炭酸ガス増加による地球温暖化が進行し、気候変動等で地球環境が破壊されている。

　地球温暖化に関し、2015.12月の第24回気候変動枠組条約締約国会議（COP21）で、炭酸ガス排出量を産業革命前（1750年頃）とし、2030年までの地球の平均気温上昇を1.5℃以下とする目標を定め、2021.11月のCOP26等ではこれを達成しないと、地球は渇水、洪水、気温上昇等で壊滅的な被害を受け、回復することができなくなると警告している。これを受けて、国、自治体、企業、個人が目標を達成するために、省エネを意識したライフスタイル変革、再生可能エネルギー導入推進、サプライチェーン効率化、グリーンイノベーション推進、炭酸ガス固定技術推進等の努力をしている。これらのすべてに水がかかわっている。

　水は、動物、植物を育み、人々に憩い空間を創出し、農業、工業、生活にかけがえのない資源として用いられる一方、気候変動による渇水被害、河川堤防の決壊による水害、森林地盤が緩むことで起こる土砂災害等は、長年に渡って築いたインフラ、生活環境を悪化させ、人命をも奪う。

　水の持つ効果、ありがたさ、破壊力を知り、水を巡る旅で実体験することで、さらに、寓話等を教訓とし、水の理解を深め、安全・安心な生活、社会づくりのための探究力を高めることに役立てば嬉しい限りである。

著者紹介

柴田　泰典（しばた　やすのり）

昭和25年8月生まれ
神戸大学工学研究科　化学工学専攻卒業
川崎重工業(株)退職後、企業の衛生工学関係の技術アドバイザーを務める一方、岡山、関西圏を中心とした景勝地、史跡、山野草の咲く湿原、特産物の産地、渓谷、低山・里山、ダム、河川の治水施設、疏水等を対象とした歩く旅をしながら、記録を残す活動を行っている。

技術士(衛生工学部門)、工学博士、防災士

主な著書
「ふるさと景観 ～播磨・但馬に広がる市川流域のまち」(牧歌舎)、
「兵庫・旅の便利帳 ～歩く旅を楽しむ」(風詠社)、
「健やか生活の知恵袋」(風詠社)、
「播磨・ハイキングを楽しむ」(牧歌舎)

水のパワーを知り、巡る旅

2024 年 10 月 23 日　初版発行

著　者　柴田　泰典
発行所　株式会社 牧歌舎
　　　　〒 664-0858 伊丹市西台伊丹コアビル 3F
　　　　TEL 072-785-7240　FAX 072-785-7340
　　　　https://bokkasha.com　代表:竹林哲己
発売元　株式会社 星雲社 (共同出版社・流通責任出版社)
　　　　〒 112-0005 東京都文京区水道 1-3-30
　　　　TEL 03-3868-3275　FAX 03-3868-6588
印刷・製本　冊子印刷社 (有限会社アイシー製本印刷)
© Yasunori Shibata 2024 Printed in Japan
ISBN 978-4-434-34617-0　C0044

落丁・乱丁本は、当社宛にお送りください。お取り替えします。